ZEITSCHRIFT FÜR ANGEWANDTE GEOLOGIE

HERAUSGEGEBEN VOM
ZENTRALEN GEOLOGISCHEN INSTITUT
IM AUFTRAG DES
MINISTERIUMS FÜR GEOLOGIE

AUS DEM INHALT

AKADEMIE-VERLAG · BERLIN

HEFT 6
BAND 22
JUNI 1976
SEITE 249—296
EVP: 2,— M
34114

	INHALT	СОДЕРЖАНИЕ	CONTENTS	
GOLDBECHER, K.	Stellung und Aufgaben der Hydrogeologie im Industriezweig Geologie	Положение и задачи гидрогеологии в промышленной отрасле геологии	Position and Tasks of Hydrogeology in the Geological Industrial Branch	249
GOTTESMANN, W.	Stoffliche Aspekte der endogenen Goldakkumulation	Вещественные аспекты коренной аккумуляции золота	Material Aspects of Endogenous Gold Accumulation	251
BAUMANN, L.	Die Kupferlagerstätten der Sredna-Gora-Zone (VR Bulgarien) und ihre Stellung im alpidisch-ostmediterranen Cu-Gürtel	Месторождения меди зоны Средна-Гора (НР Бульгария) и их положение в альпийско-восточно-среднеземном поясе меди	The Copper Deposits of the Sredna-Gora Zone (People's Republic of Bulgaria) and their Position within the Alpidic-East Mediterranean Cu Belt	258
PANOW, B. S.	Das Karpinski-Lineament und der mit ihm verbundene minerogenetische Gürtel	Линеамент Карпинского и связанный с ним минералогенетический пояс	The Karpinski Lineament and the Minerogenetic Belt Connected with it	264
KÜHN, P.; KÜHN, F.	Einige Ergebnisse der Messung tellurischer Ströme vom fahrenden Schiff im Nordatlantik	Некоторые результаты измерения теллурических токов с идущего судна в Северном Атлантическом океане	Some Results of Measuring Telluric Currents from the Sailing Ship in the North Atlantic	272
WÖBKING, H.	Über die Wirkung des Skineffekts bei geoelektrischen Prospektionsarbeiten	О действии скин-эффекта при геоэлектрических съемочных работах	The Action of the Skin Effect in Geoelectric Prospecting	275
KASCHPAROW, M. M.; ARNOLD, G.; TARUTIN, F. J.; ARNDT, H.	Zur Beurteilung der technologischen Effektivität des Betriebs von Erdgasfördersonden	О оценке технологической эффективности работы газодобывающих скважин	Evaluation of the Technological Efficiency of Operation of Wells Producing Natural Gas	281
STÖTZNER, U.	Vorschlag einer geomechanisch-geophysikalischen Erkundungskonzeption zur Ermittlung der Verformungseigenschaften des Gebirges	Предложение геомеханически-геофизической концепции для установления деформационных свойств пород	Proposal of a Geomechanical-Geophysical Conception of Exploration for Determining Deformation Properties of the Rock	284
HENKE, J.	Die hydrogeologische Erkundungsbohrung (Tagungsbericht)	Гидрогеологическая разведочная скважина (Отчет соседания)	Hydrogeological Exploratory Boring (Report of a Meeting)	290

Die ZEITSCHRIFT FÜR ANGEWANDTE GEOLOGIE berichtet ständig über folgende Arbeitsgebiete: Geologische Grundlagenforschung und Lagerstättenforschung / Methodik der geologischen Erkundung / Ökonomie und Planung der geologischen Erkundung / Technik der geologischen Erkundung / Geologie und Lagerstättenkunde im Ausland. In der Zeitschrift können alle strittigen Fragen der praktischen Geologie behandelt werden. Die Autoren übernehmen für ihre Aufsätze die übliche Verantwortung.

Zeitschrift für angewandte Geologie

Herausgegeben vom Zentralen Geologischen Institut Berlin im Auftrag des Ministeriums für Geologie der Deutschen Demokratischen Republik
Verlag: Akademie-Verlag, 108 Berlin, Leipziger Straße 3–4

GOLDBECHER, K.

Stellung und Aufgaben der Hydrogeologie im Industriezweig Geologie

Z. angew. Geol., Berlin, 22 (1976) 6, S. 249–251

GOTTESMANN, W.

Stoffliche Aspekte der endogenen Goldakkumulation

Z. angew. Geol., Berlin, 22 (1976) 6, S. 251–258, 1 Abb.

Die Clarke-Werte der Gesteine, die Gehalte in koexistierenden Mineralen und die Ionendichte stützen den siderophilen Charakter des Goldes. Neben lagerstättenbildenden Goldanreicherungen unter hydrothermalen Bedingungen kommt es im Rahmen magmatischer und sedimentärer Prozesse zu Vorkonzentrierungen. Diese spiegeln sich in einer deutlich über den Clarke-Wert der betreffenden Gesteine hinausgehenden positiven Spezialisierung bestimmter Vorkommen wider. Die Spezialisierung kann zeitlich und räumlich sein. Der Transport des Goldes bei der Lagerstättenbildung kann in verschiedener Form erfolgen. Für die Abscheidung ist nicht die Änderung der Druck- und Temperaturverhältnisse, sondern die Änderung des Redoxpotentials der Lösung maßgebend.

BAUMANN, L.

Die Kupferlagerstätten der Sredna-Gora-Zone (VR Bulgarien) und ihre Stellung im alpidisch-ostmediterranen Cu-Gürtel

Z. angew. Geol., Berlin, 22 (1976) 6, S. 258–263, 5 Abb., 1 Tab., 14 Lit.

Es werden neuere Ergebnisse lagerstättengeologischer und minerogenetischer Untersuchungen der Kupferlagerstätten der Sredna-Gora-Zone in der VR Bulgarien und deren Stellung im alpidisch-ostmediterranen Kupfererzgürtel insgesamt dargelegt. Dabei werden die in der Sredna-Gora auftretenden Lagerstättentypen und einige der wichtigsten Lagerstätten kurz beschrieben.

PANOW, B. S.

Das Karpinski-Lineament und der mit ihm verbundene minerogenetische Gürtel

Z. angew. Geol., Berlin, 22 (1976) 6, S. 264–271, 7 Abb., 25 Lit.

Im Rahmen der Suche neuer Erzlagerstätten auf der Basis minerogenetischer Vergleiche einzelner tektonischer Einheiten ist eine Betrachtungsweise mit planetaren Dimensionen von großer Bedeutung. In diesem Zusammenhang wird besonders auf die Untersuchung von Lineamenten am Beispiel des Karpinski-Lineaments eingegangen. Die Podljasko-Brest-Senke, der Pripjatgraben, die Dnepr-Donezk-Senke mit dem Donezbecken, die verdeckte Karpinski-Gebirgskette, die Faltenzone von Mangischlak und der Süd-Tjan-Schan werden als Teile des Karpinski-Lineaments ausführlicher dargestellt.

KÜHN, P.; KÜHN, F.

Einige Ergebnisse der Messung tellurischer Ströme vom fahrenden Schiff im Nordatlantik

Z. angew. Geol., Berlin, 22 (1976) 6, S. 272–275, 4 Abb., 1 Tab., 3 Lit.

Im Rahmen des geologisch-geophysikalischen Arbeitsprogramms der Atlantikexpedition 1972 des Zentralen Geologischen Instituts Berlin im Gebiet des Rockall-Plateaus mit dem Forschungsschiff „A. v. Humboldt“ der Akademie der Wissenschaften der DDR wurden seetellurische Messungen vom fahrenden Schiff aus durchgeführt. Trotz großen Störpegels, insbesondere durch die Dünungswellen, gelang es, tellurische Pulsationen verschiedener Perioden zu messen und mit synchronen magnetischen Variationsregistrierungen von benachbarten Landobservatorien zu korrelieren.

WÖBKING, H.

Über die Wirkung des Skineffekts bei geoelektrischen Prospektionsarbeiten

Z. angew. Geol., Berlin, 22 (1976) 6, S. 275–281, 8 Abb., 6 Tab., 3 Lit.

Wenn Wechselströme zur geoelektrischen Widerstandssondierung verwendet werden, ist auch bei homogenen Gesteinsformationen eine Frequenzabhängigkeit des spezifischen Widerstands ϱ_s feststellbar. Es wird eine theoretische Deutung dieser Frequenzabhängigkeit von ϱ_s gegeben. An praktischen Meßbeispielen im Bergbau, Großkogl Reith b. Brixlegg in Tirol, werden die von der Theorie geforderten Zusammenhänge zwischen spezifischem Widerstand und Frequenz nachgewiesen.

KASCHPAROW, M. M.; ARNOLD, G. u. a.

Zur Beurteilung der technologischen Effektivität des Betriebs von Erdgasfördersonden

Z. angew. Geol., Berlin, 22 (1976) 6, S. 281–283, 2 Abb.

Es wird eine Methodik für eine objektive und umfassende Einschätzung der technologischen Effektivität des produktiven Sondenfonds vorgeschlagen. Sie kann für die Analyse des Abbaus von Erdgaslagerstätten sowie für die Nachprojektierung des Abbaus vorhandener und die Projektierung neuer Erdgaslagerstätten verwandt werden.

STÖTZNER, U.

Vorschlag einer geomechanisch-geophysikalischen Erkundungskonzeption zur Ermittlung der Verformungseigenschaften des Gebirges

Z. angew. Geol., Berlin, 22 (1976) 6, S. 284–290, 12 Abb., 8 Lit.

Die vorgelegten Untersuchungsergebnisse zeigen, daß durch geophysikalische Messungen der Informationsgewinn aus den sehr aufwendigen felsstatischen Versuchen erhöht werden kann. Mittels einer komplexen Betrachtungsweise, d. h. dem Einsatz mehrerer Verfahren, konnten statistisch gesicherte Korrelationsbeziehungen zwischen geophysikalischen Meßgrößen und geomechanischen Kennwerten aufgestellt werden. Auf der Grundlage solcher empirisch ermittelten Beziehungen ergibt sich prinzipiell die Möglichkeit, für ein begrenztes Untersuchungsgebiet mit Hilfe geophysikalischer Messungen die Verformungsparameter abzuschätzen bzw. zu extrapolieren und somit eine Gebirgsklassifizierung vorzunehmen.

HENKE, J.

Die hydrogeologische Erkundungsbohrung

(Tagungsbericht)

Z. angew. Geol., Berlin, 22 (1976) 6, S. 290

Zeitschrift für angewandte Geologie

Herausgegeben vom Zentralen Geologischen Institut Berlin im Auftrag des Ministeriums für Geologie der Deutschen Demokratischen Republik
Verlag: Akademie-Verlag, 108 Berlin, Leipziger Straße 3–4

GOLDBECHER, K.

Position and Tasks of Hydrogeology in the Geological Industrial Branch

Z. angew. Geol., Berlin, 22 (1976) 6, pp. 249–251

GOTTESMANN, W.

Material Aspects of Endogenous Gold Accumulation

Z. angew. Geol., Berlin, 22 (1976) 6, pp. 251–258, 1 Fig.

The rock Clarkes, contents of coexisting minerals and ion density support the siderophilic character of gold. Preliminary concentrations take place within magmatic and sedimentary processes in addition to gold concentrations forming deposits under hydrothermal conditions. They are reflected in a positive specialization of certain occurrences obviously exceeding the Clarke of the rocks in question. The specialization may be a temporal as well as spatial one. During the formation of deposits gold is transported in a different way, a variation of the solution redox potential and not such a one of the pressure and temperature conditions being decisive for the deposition.

BAUMANN, L.

The Copper Deposits of the Sredna-Gora Zone (People's Republic of Bulgaria) and their Position within the Alpidic-East Mediterranean Cu Belt

Z. angew. Geol., Berlin, 22 (1976) 6, pp. 258–263, 5 Figs., 1 Table, 14 Refs.

A description is given of more recent results of the geology of mineral deposits and minerogenetic investigations of copper deposits of the Sredna-Gora zone in the People's Republic of Bulgaria. Their position within the Alpidic-East Mediterranean copper-ore belt is also discussed, with a brief outline of the types of deposits and some of the most important of them found in the Sredna Gora.

PANOW, B. S.

The Karpinski Lineament and the Minerogenetic Belt Connected with it

Z. angew. Geol., Berlin, 22 (1976) 6, pp. 264–271, 7 Figs., 25 Refs.

An approach by planetary dimensions has much significance when it is a question of prospecting for new ore deposits on the basis of minerogenetic comparisons between individual tectonic units. In this connection the study of lineaments is particularly emphasized, with that of Karpinski taken as an example. A more detailed description is given of its parts such as the Podlyasko-Brest depression, the Pripyat graben, the Dnieper-Donetz basin, the concealed Karpinski mountain chain, the folded zone of Mangishlak, and the South Tien Shan.

KÜHN, P.; KÜHN, F.

Some Results of Measuring Telluric Currents from the Sailing Ship in the North Atlantic

Z. angew. Geol., Berlin, 22 (1976) 6, pp. 272–275, 4 Figs., 1 Table, 3 Refs.

Marine telluric measurements from the sailing ship were made within the geological-geophysical programme of the Atlantic expedition to the Rockall plateau by the Central Geological Institute Berlin in 1972, which was undertaken in the research ship „A. v. Humboldt" of the Academy of Sciences of the G. D. R. In spite of a high noise level caused in particular by the swell waves, telluricp ulsations of various periods could be measured and correlated with synchronous magnetic variation records of neighbouring terrestrial observatories.

WÖBKING, H.

The Action of the Skin Effect in Geoelectric Prospecting

Z. angew. Geol., Berlin, 22 (1976) 6, pp. 275–281, 8 Figs., 6 Tables, 3 Refs.

If alternating currents are used for geoelectric resistance sounding, the specific resistance ϱ_s depends on the frequency even in homogeneous rock formations. This frequency dependence of ϱ_s is interpreted theoretically, and practical examples of measurement taken from mining operations at Großkogl Reith, near Brixlegg in the Tyrol, show relations between the specific resistance and frequency as they are demanded by the theory.

KASCHPAROW, M. M.; ARNOLD, G., et al.

Evaluation of the Technological Efficiency of Operation of Wells Producing Natural Gas

Z. angew. Geol., Berlin, 22 (1976) 6, pp. 281–283, 2 Figs.

A technique suggested for estimating objectively and comprehensively the technological efficiency of the productive well fund can be used for analysing the exploitation of natural gas deposits, as well as for making a second project of the exploitation of existing deposits and for projecting new ones.

STÖTZNER, U.

Proposal of a Geomechanical-Geophysical Conception of Exploration for Determining Deformation Properties of the Rock

Z. angew. Geol., Berlin, 22 (1976) 6, pp. 284–290, 12 Figs., 8 Refs.

Results show that the gain of information from very expensive rock-static tests can be increased by geophysical measurements. Statistically safe correlative relations could be determined between geophysical measured quantities and geomechanical characteristic values by means of a complex approach, i.e. by means of several methods. On the basis of an empirical determination of such relations there is in principle a possibility for a limited area of investigation to estimate and extrapolate, respectively, the deformation parameters by means of geophysical measurements and, consequently, to classify the rocks.

HENKE, J.

Hydrogeological Exploratory Boring

(Report of a Meeting)

Z. angew. Geol., Berlin, 22 (1976) 6, pp. 290

ZEITSCHRIFT FÜR ANGEWANDTE GEOLOGIE

Träger der Ehrennadel in Gold
der Gesellschaft
für Deutsch-Sowjetische Freundschaft

BAND 22 · JUNI 1976 · HEFT 6

Stellung und Aufgaben der Hydrogeologie im Industriezweig Geologie[1)]

GOLDBECHER, K., Berlin

Neue, anspruchsvolle Ziele haben sich aus Anlaß des IX. Parteitags der SED die Werktätigen des Bereiches des Ministeriums für Geologie gestellt, darunter auch die Arbeiter, Geologen, Techniker und alle anderen Belegschaftsangehörigen des VEB Hydrogeologie Nordhausen. Wir können mit Stolz und Freude feststellen: Die Aufgaben, die uns vom VIII. Parteitag der SED gestellt wurden, sind erfüllt. Dank der großen Leistungen der Werktätigen in unserer Republik ist für alle das Leben reicher und schöner geworden. Die vom VIII. Parteitag der SED formulierte Hauptaufgabe hat sich im Leben unseres Volkes bewährt, sie wird auch weiterhin im Mittelpunkt unserer Anstrengungen stehen.

Der Beitrag eines jeden Industriezweiges, der Landwirtschaft und aller anderen gesellschaftlichen Bereiche bei der Erfüllung der Hauptaufgabe ist und bleibt der Gradmesser dafür, wie wir letztendlich für die stetige Erhöhung des materiellen und kulturellen Lebensniveaus unseres Volkes wirksam werden können.

Jeder Industriezweig hat seine spezifischen Aufgaben wahrzunehmen und ist gleichzeitig auf vielfältige Art und Weise mit der Entwicklung der übrigen Volkswirtschaft verbunden. Mit Fug und Recht können wir sagen, daß der Bereich des Ministeriums für Geologie einen immer größeren, an Einfluß auf die Entwicklung anderer Industriezweige und der Landwirtschaft gewinnenden spezifischen Beitrag zu leisten hat. Besonders deutlich ist das am Beispiel der Hydrogeologie im Rahmen der Wasserwirtschaft der DDR zu erkennen.

Langanhaltender, hoher Anstieg der industriellen und landwirtschaftlichen Produktion, eine große, bisher nicht gekannte Steigerung der Bauproduktion, insbesondere — in Erfüllung des sozialpolitischen Programms der SED — des Wohnungsbauprogramms und berechtigt gestiegene Forderungen zur Verbesserung der Versorgung der Bevölkerung haben an die Wasserwirtschaft in den letzten Jahren entschieden höhere Anforderungen gestellt.

Bei der Durchführung der vom VIII. Parteitag der SED beschlossenen Hauptaufgabe wuchs die Bedeutung des Wassers sowohl als Nahrungs- und Konsumtionsmittel als auch als Produktionsmittel für alle Bereiche der Volkswirtschaft. Die Wasserwirtschaft ist ein wichtiger Intensivierungsfaktor der Volkswirtschaft.

Das Politbüro des ZK der SED und der Ministerrat der DDR haben sich im April und Mai 1975 sehr eingehend mit dem erreichten Stand in der Trink- und Brauchwasserversorgung unserer Republik beschäftigt und Schlußfolgerungen für die Entwicklung der Wasserwirtschaft der DDR in den nächsten Jahren gezogen, die in vollem Umfang auch im Bereich der Hydrogeologie umzusetzen sind.

Es entspricht zutiefst unserer Politik, daß Fragen der besseren und stabilen Versorgung der Bevölkerung in Stadt und Land an der Spitze der Maßnahmen stehen. Mit der Verbesserung der Arbeits- und Lebensbedingungen, insbesondere der Wohnbedingungen in den Großstädten und Ballungsgebieten, steigt der Wasserbedarf der Bevölkerung jährlich um 4%. Dabei war als vorrangige Aufgabe die schnelle Verbesserung der Situation in den Großstädten und industriellen Ballungsgebieten Berlin, Leipzig und Karl-Marx-Stadt vorgesehen.

Der Wasserbedarf von Bevölkerung, Industrie und Landwirtschaft steigt bis 1980 gegenüber 1975 um 17 bis 19% und bis 1990 um mehr als 50% an. Dabei wird bereits eine spürbare Senkung des diesen Überlegungen spezifischen Wassereinsatzes pro 1000 M Warenproduktion zugrunde gelegt. Der größte Bedarfszuwachs an Wasser liegt mit 60% bis 1980 und 150% bis 1990 in der sozialistischen Landwirtschaft. Mit ihrem immer stärkeren Übergang zu industriemäßigen Methoden der Tier- und Pflanzenproduktion müssen völlig neue Dimensionen der Wasserversorgung erreicht werden. Damit ist das volkswirtschaftliche Bewährungsfeld der Hydrogeologie im weitesten Sinne abgesteckt. Es besteht in ihrem konkreten Beitrag zur materiellen Sicherung einer immer besseren und stabilen Versorgung von Bevölkerung, Industrie und Landwirtschaft mit Grundwasser und ist damit spezifischer wissenschaftlich-technischer und politischer Auftrag zur Erfüllung der Hauptaufgabe, die vom VIII. Parteitag der SED gestellt wurde und die auch in der Zukunft unser Handeln bestimmt.

Nicht zuletzt hängt von einer quantitäts- und qualitätsgerechten Bereitstellung von Trink- und Brauch-

Eingang des Manuskripts in der Redaktion: 17. 2. 76.

[1)] Plenarvortrag des Stellvertreters des Ministers für Geologie und des Vorsitzenden der Staatlichen Vorratskommission der DDR auf dem 4. Kolloquium Hydrogeologie am 25. 9. 1975 in Erfurt.

wasser die optimale Bereitstellung der auf dem Territorium der DDR vorhandenen mineralischen Rohstoffressourcen ab.

Bis zum Jahre 1980 soll sich die industrielle Warenproduktion gegenüber 1970 auf das 3,5 bis 4fache erhöhen. Hieraus schlußfolgernd ist die Forschung, Suche und Erkundung sowie die Erschließung von Grundwasser stark zu forcieren. Der durchschnittliche Zuwachs an Grundwasservorräten belief sich in den Jahren 1971 bis 1975 auf 120 Mill. m^3/a. Im Zeitraum 1976 bis 1980 soll ein jährlicher Nachweis von 140 Mill. m^3 erbracht werden.

Für die Grundwassererkundung und -erschließung muß man prinzipiell davon ausgehen, daß der Bedarf und die Bedarfsentwicklung mit den Ballungsgebieten der Bevölkerung und Industrie konform gehen. Demgegenüber stehen die Deckungsmöglichkeiten, die an zwei Voraussetzungen gebunden sind:

1. Es müssen Grundwasserlagerstätten vorhanden sein, die nutzbare Vorräte enthalten.

2. Die hydrogeologischen Bedingungen für die Gewinnung von Grundwasser müssen mit der Wasserhaushaltsbilanz koordiniert bzw. in Übereinstimmung gebracht werden können. Unter diesen Voraussetzungen werden jene Räume erkennbar, die für eine Bedarfsdeckung gegenwärtig und perspektivisch herangezogen werden können, wobei die von Seiten der Wasserwirtschaft ausgewiesene, langfristige territoriale Bedarfsentwicklung berücksichtigt werden muß.

Auf 89% des Territoriums der DDR steht ein mittleres Grundwasserdargebot von rund 7 Mrd. m^3 zur Verfügung. Dabei sind diejenigen Gebiete ausgeschlossen, die nicht über größere Grundwasserlagerstätten verfügen, wie der Harz, der Thüringer Wald und das Erzgebirge, die teilweise durch wasserwirtschaftliche Rückhaltemaßnahmen des Oberflächenabflusses versorgt werden.

Da Lage und Verteilung der Grundwasserlagerstätten nur als ein Standortfaktor für die Bevölkerungskonzentration, die Industrie und die landwirtschaftliche Produktion anzusehen ist, wird bei der genannten Grundwasservorratslage die Erkundung in erster Linie vom volkswirtschaftlichen Bedarf bestimmt.

Das entscheidende Kriterium für die Effektivität unserer Arbeiten ist die Senkung des materiellen und finanziellen Aufwands für die Erkundung und Erschließung der Grundwasservorräte. Die Anforderungen dazu wurden insbesondere durch das 13. und 14. Plenum des ZK der SED gestellt. Hierbei geht es darum, die Sicherung der Abdeckung des volkswirtschaftlichen Bedarfs an Grundwasservorräten durch entsprechende Intensivierungsmaßnahmen im wesentlichen mit den vorhandenen Kräften und Mitteln zu garantieren. Ein entscheidender Faktor ist dabei die unmittelbar produktionswirksame Anwendung der Ergebnisse der geologischen, aber auch der technologischen Forschung und Entwicklung. Deshalb werden auch eine Vielzahl von weiteren Aufgaben in Angriff genommen.

Dazu gehören zum Beispiel:

Der Aufbau eines Datenspeichers der hydrogeologisch auswertbaren Bohrungen für das Gesamtterritorium der DDR. Dabei besteht das Ziel darin, eine erhebliche Einsparung an bohrtechnischem und Materialtransportaufwand zu erreichen und somit kostensenkend auf den gesamten Erkundungsprozeß einzuwirken.

Die Elektroanalogiemodellierungseinrichtungen sowie die dazu gehörenden Anwendungstechnologien sind weiter zu vervollkommnen, um eine bessere Berechnung und Bewertung der Grundwasserlagerstätten für die wasserwirtschaftliche Nutzung vorzunehmen. Dabei sind auch solche Arbeitsrichtungen besonders zu forcieren, die zeitaufwendige manuelle Arbeiten einsparen.

Die bisher vorliegenden Übersichtskarten in den verschiedenen Maßstäben sind so zu komplettieren, daß ein ständig erweiterungsfähiges Modell der erkundeten Grundwasservorräte geschaffen wird.

Das Ziel besteht darin, die bisher erkundeten und teilweise oder voll genutzten Grundwasserlagerstätten zu erfassen, um ein exaktes, auf Faktenmaterial gegründetes Kartenwerk zu erhalten.

Auf bohrtechnischem Gebiet wird der Einsatz moderner Trockenbohranlagen vorangetrieben. Diese Bohranlagen sollen den vorhandenen Gerätepark ersetzen. Der Übergang zu diesen neuen Gerätetypen muß ohne Verringerung des Leistungsumfangs durch eine zielgerichtete Vorbereitung der Bohrmannschaften erfolgen.

Die Weiterentwicklung und Einführung von teilautomatisierten Meß- und Regeleinrichtungen bei der Durchführung von Testarbeiten, die z. Z. noch einen hohen personellen Aufwand erfordern, ist stärkere Beachtung beizumessen, da hiermit ein wesentlicher Intensivierungseffekt erreicht werden kann.

Es konnten hier nur einige ausgewählte Aufgaben dargelegt werden, da es an dieser Stelle nicht möglich ist, auf geologische, technische und ökonomische Teilprobleme einzugehen.

Die Qualität der geologischen Erkundungsarbeiten und die davon abhängige Aussagesicherheit der Vorratsberechnungen sind von besonderem Einfluß auf die Intensivierung des geologischen Erkundungsprozesses bei der Bereitstellung von Grundwasservorräten. Sie haben Auswirkungen auf den verläßlichen Nachweis und die optimale Nutzung der Naturressourcen Grundwasser und im wesentlichen auf die sich daran anschließenden Investitionsmaßnahmen. Die hydrogeologischen Untersuchungsarbeiten sind daher so durchzuführen, daß alle Fragen über die geologischen Verhältnisse, über die Menge sowie über die Vorräte beeinflussenden Verhältnisse im erforderlichen Umfang geklärt sind.

Die Erkundung hat somit die Grundlage für eine volkswirtschaftliche Nutzungsentscheidung und für die Projektierung und Erschließung sowie Aufbereitung der Grundwasservorräte zu schaffen.

In den vergangenen Jahren wurden besondere Anstrengungen im Hinblick auf eine höhere Qualität und Aussagesicherheit unternommen.

Es ist bekannt, daß die Arbeiten in den Bohrfeldern von den Bohrarbeitern, Technikern und Ingenieuren ein hohes Maß an Verantwortung und Disziplin unter oft ungünstigen Witterungsbedingungen verlangt. Hauptanliegen ist es deshalb, die derzeit noch schwere körperliche Arbeit der Werktätigen im Bohrfeld spürbar zu verringern und die Arbeits- und Lebensbedingungen zu verbessern.

Für den nächsten Zeitraum steht somit die Aufgabe,

unter Ausschöpfung des Ideenreichtums der Werktätigen in der Produktion und unter Zugrundelegung hoher Anforderungen an den Planteil Wissenschaft und Technik bei gleichzeitiger Verbesserung der Leitungstätigkeit das Niveau und die Leistungsfähigkeit in der hydrogeologischen Erkundung und Erschließung bedeutend zu erhöhen.

In diesem Zusammenhang war und ist eine umfassende Mechanisierung der Bohrhilfs- und Nebenprozesse erforderlich. Das trifft auch besonders auf den Umbau der Bohranlagen und die Transportarbeiten zu.

Eine Maßnahme zur Erhöhung der Effektivität und zur Reduzierung schwerer körperlicher Arbeit im Transportwesen bietet die Einführung des Containertransports für Bohrausrüstungen.

Mit dem Einsatz der neuen Kombinationsbohrgeräte werden weitere Voraussetzungen geschaffen, diesen Teil der hydrogeologischen Erkundung effektiver zu gestalten. Zur Sicherung des geplanten Effektivitätszuwachses mit dieser modernen Gerätetechnik kommt es darauf an, durch eine rechtzeitige und ordnungsgemäße Einsatzvorbereitung, beginnend mit der Qualifizierung des Bedienungspersonals bis zur Komplettierung der Bohrgeräte, die Überführung dieser Anlagen in die Produktion ohne Übergangsschwierigkeiten zu organisieren.

Es wird weiterhin darauf orientiert, den Prozeß der bohrtechnischen Arbeiten durch solche Maßnahmen zu beschleunigen und qualitativ zu verbessern wie:

- der Verringerung der Umbauzeiten durch Optimierung des Bohrprozesses und des weiteren Einsatzes von Vorsatz- und Springergeräten;
- der Umrüstung des Bohranlagenparks von veralteten Gerätetypen auf moderne leistungsstarke Kombinationsbohrgeräte;
- der zielgerichteten Organisierung, Durchführung und Verallgemeinerung von Spitzenleistungen und der Aktivierung der Neuerertätigkeit.

Zur Intensivierung der technologischen Prozesse ist es erforderlich, besonders durch den Plan Wissenschaft und Technik, die technisch-organisatorischen Maßnahmen sowie durch die verstärkte Einbeziehung der Werktätigen, Reserven zu erschließen. Voraussetzung für eine schnelle Überführung der Ergebnisse in die Produktion ist eine kontinuierliche operativtechnologische Betreuuug der Bohr-, Test- und Umbauarbeiten zur technologischen Durchdringung der Prozesse, zur Vervollständigung und Weiterentwicklung der Technologien und zur Bestimmung optimaler Arbeitsregime.

Für die Sicherung des erforderlichen Produktionszuwachses wird auf die Lösung folgender Schwerpunktprobleme orientiert:

a) Zur Beschleunigung des Bohrprozesses und zur Einsparung von Material ist die Reduzierung der Durchmesser bzw. der Vereinfachung der Bohrloch- und Brunnenkonstruktionen durch Einführung bewährter effektiver Typenkonstruktionen durchzuführen.

b) Das Counterflush-Bohren ist durch konsequente Einbeziehung der Bohrlochgeophysik in seiner Aussagegenauigkeit so zu verbessern, daß es den Qualitätsanforderungen genügt und zum vorherrschenden Erkundungsbohrverfahren entwickelt wird.

Insbesondere durch die Technologie des kleinkalibrigen Vorbohrens einer „Erkundungsbohrung“, deren Test (indirekt und teildemonstrativ) und nachfolgend orientierter Erweiterung im standfesten Gebirge sind weitere Zeit- und Materialeinsparungen zu erreichen.

Wir können auch mit Genugtuung feststellen, daß sich die arbeitsteilige Kooperation mit den sozialistischen Ländern positiv entwickelt hat und in ihrem Ergebnis zum Nutzen aller Partner gute Resultate erzielt wurden. Besonders enge Beziehungen bestehen zu den Partnerinstituten und -betrieben in der ČSSR, in der Ungarischen VR, in der VR Polen und nicht zuletzt zur Sowjetunion. So konnten wichtige Forschungsthemen auf geologisch-methodischem aber auch technisch-technologischem Gebiet gemeinsam geplant und bearbeitet werden. In deren Ergebnis war es möglich, wichtige Forschungs- und Entwicklungsarbeiten in kürzerer Zeit und komplexer zu realisieren.

Wir erwarten von der weiteren Vertiefung dieser Zusammenarbeit eine wesentliche Beschleunigung der Arbeiten auf allen Arbeitsgebieten, die unter dem Aspekt des gegenseitigen Vorteils dazu beitragen werden, den Erkundungsprozeß und die Erschließung mit höherer Effektivität und Qualität durchzuführen.

Stoffliche Aspekte der endogenen Goldakkumulation[1]

GOTTESMANN, W., Falkensee

(Mitteilung aus dem Zentralen Geologischen Institut, Berlin)

Einen speziellen Fall und zugleich das ökonomisch wichtigste Ergebnis endogener Goldakkumulation stellen hydrothermale Goldvererzungen dar. Diese sind im Rahmen des allgemeinen geochemischen Verhaltens des Goldes unter endogenen, insbesondere magmatischen und postmagmatischen Bedingungen zu betrachten.

Die Wertung der in der Literatur zur Genese hydrothermaler Goldlagerstätten vorgebrachten Meinungen ist dadurch sehr erschwert, daß sie unterschiedliche Erkenntnisstufen widerspiegeln oder daß bestimmten Erscheinungen aus subjektiver Sicht mehr Gewicht beigemessen wurde als anderen. Es soll hier versucht

Eingang des Manuskripts in der Redaktion: 21. 4. 1975.

[1] In diesem Beitrag werden zunächst die stofflichen, in einem zweiten Artikel die räumlichen und zeitlichen Probleme behandelt. Schließlich wird in einem dritten Beitrag eine Synthese zur endogenen Goldakkumulation versucht. Dort wird das Verzeichnis der in den drei Artikeln benutzten Literatur gegeben.

werden, nicht nur die meist stark abstrahierten Meinungen miteinander zu konfrontieren, sondern die zur Verfügung stehenden Grundargumente zu werten. Das Problem der hydrothermalen Goldlagerstättenbildung wird dazu in die Aspekte Stoff, Raum und Zeit zerlegt.

Die stofflich-genetische Betrachtung hydrothermaler Goldvererzungen muß neben der Element- und Mineralassoziation in den Lagerstätten vor allem die allgemeinen geochemischen Verteilungsgesetzmäßigkeiten des Au berücksichtigen. Während über die Erzparagenesen der Goldlagerstätten seit langem umfangreiche Beobachtungen vorliegen, sind die Grundlagen einer umfassenden Geochemie des Au erst in den letzten 15 Jahren mit der Entwicklung empfindlicher Analysenmethoden geschaffen worden. Denn das geochemische Verhalten eines Elements wird in erster Linie aus seinem Gehalt in den natürlichen Medien, insbesondere in Gesteinen und Mineralen abgeleitet. Die nun zur Verfügung stehenden Au-Gehaltsdaten ermöglichen die Präzisierung oder Ablehnung älterer Vorstellungen zur Genese hydrothermaler Goldlagerstätten, die im wesentlichen auf der Untersuchung der Lagerstätten selbst basieren. Zusammenfassende Darstellungen zur Geochemie und Lagerstättengenese des Au unter Berücksichtigung derartiger Daten gaben STSCHERBAKOW (1967) und ROSHKOW (1967). Darüber hinaus wurden in den letzten Jahren wichtige Fortschritte bezüglich der physikochemischen Bedingungen des hydrothermalen Au-Transports und der Au-Abscheidung erzielt. Diese resultieren vor allem aus der Untersuchung von Flüssigkeits- und Gaseinschlüssen in natürlichem Gold, aus der Analyse natürlicher Au-haltiger Hydrothermen sowie aus Untersuchungen zur Stabilität bestimmter Au-Komplexverbindungen in Lösungen unter verschiedenen Eh/pH-Bedingungen.

1. Gold in Magmatiten

Die Untersuchungen zahlreicher Autoren über den Au-Gehalt von Magmatiten, der im wesentlichen zwischen 0,1 und 20 mg/t liegt, lassen die bevorzugte primäre Bindung des Au an basische Gesteine erkennen (STSCHERBAKOW & PERESHOGIN 1964, STSCHERBAKOW 1965, 1967, SCHILIN 1968, VILJOEN u. a. 1969 u. a.). Dieser Tendenz im geochemischen Verhalten des Au entsprechen:

1. das Vorkommen dispersen Goldes in Ultrabasitkörpern Südafrikas (FORSTER 1960) und des Urals (BORISENKO & UKSOW 1971, BORISENKO u. a. 1972);

2. die seit langem genutzte Gewinnungsmöglichkeit von Gold neben Platin bei der Verhüttung von liquidmagmatischen Cu—Ni-Sulfiderzen von Sudbury (FRIEDENSBURG 1953);

3. der hohe Edelmetallgehalt (Au, Pt u. a.) in Chromitschlieren von Duniten aus dem Ultrabasitkomplex von Nishnij-Tagilsk (OBRUTSCHEW 1934, zitiert nach STSCHERBAKOW 1967);

4. die Au-führenden „eisernen Hüte" über syngenetischen Pyrit-Chalkopyrit-Erzen von Ophiolithkomplexen (TWERETINOW 1965).

Die Aufstellung in Tab. 1 orientiert über den Au-Gehalt der wichtigsten magmatischen Gesteinsgruppen (vergleiche auch STSCHERBAKOW 1968).

Tabelle 1

<table>
<tr><th rowspan="2">Au-Gehalt in mg/t</th><th rowspan="2">STSCHERBAKOW (1965) Altai</th><th colspan="2">STSCHERBAKOW (1967)</th><th rowspan="2">JONES (1969) Weltdurchschnitt</th></tr>
<tr><th>Altai und Sajan</th><th>verschiedene Gebiete</th></tr>
<tr><td>Granite</td><td>1,9</td><td>2,4</td><td>2,0</td><td>2,8</td></tr>
<tr><td>Granodiorite</td><td></td><td>4,0</td><td>2,4</td><td></td></tr>
<tr><td>Syenite</td><td></td><td>4,4</td><td>4,4</td><td>2,5</td></tr>
<tr><td>Diorite</td><td rowspan="2">3,8</td><td>3,4</td><td>3,4</td><td>3,5</td></tr>
<tr><td>Gabbros</td><td>6,4</td><td>8,2</td><td>5,4</td></tr>
<tr><td>Ultrabasite</td><td></td><td>4,9</td><td>11,0</td><td>8,2</td></tr>
<tr><td>saure Vulkanite</td><td>4,2</td><td>5,4</td><td>4,7</td><td>12,0</td></tr>
<tr><td>intermediäre Vulkanite</td><td rowspan="2">6,8</td><td rowspan="2">6,4</td><td rowspan="2">4,9</td><td>5,2</td></tr>
<tr><td>basische Vulkanite</td><td>3,2</td></tr>
</table>

In gleicher Größenordnung wie die Werte STSCHERBAKOWS befinden sich die Angaben von VINCENT & CROCKET (1960a) für den undifferenzierten Gabbro der Skaergaardintrusion (4,6 mg/t), von VINCENT & CROCKET (1960b) für drei Basalte verschiedener Lokalitäten (2,0 mg/t) und diverse Ultrabasite (1,0—10,0 mg/t), von ROWE (1969) für Dolerite Tasmaniens (1,2 bis 12,0 mg/t), von ANOSCHIN u. a. (1971) für Dolerite Sibiriens (2,0—32,0 mg/t) sowie von STSCHEKA u. a. (1971) und WACHRUSCHEW & CIMBALIST (1972) für Ultrabasite verschiedener Vorkommen (<0,2 bis 63,0 mg/t). Weit über diesem Niveau liegende Au-Gehalte wurden von BORISENKO u. a. (1972) für Ultrabasite des Urals (5—500 mg/t) sowie von HAMRABAJEW & URUNBAJEW (1971) für verschiedene Magmatite aus Usbekistan mitgeteilt. Im letzteren Falle ist die Tendenz zu höheren Gehalten in ultrabasischen gegenüber basischen und granitoiden Magmatiten ersichtlich (Durchschnittswerte: 50—37—30 mg/t). CHAJRULLIN u. a. (1968) geben extrem hohe Au-Gehaltsdaten. Granodiorite zeigen deutlich höhere Werte als Adamellite.

DE GRAZIA & HASKIN (1964) stellten in Basalten des Mittelatlantischen Rückens bei relativ großem Schwankungsbereich wesentlich höhere Au-Gehalte fest als in Basalten einiger anderer Vorkommen. Diese Tendenz zur regionalen Spezialisierung basischer Gesteine, die möglicherweise auf Unterschiede im Hauptelementchemismus zurückgeht, wurde von ANOSCHIN & JEMELJANOW (1969) sowie TILLING u. a. (1973) bestätigt. Letztere Autoren führen sie auf Heterogenität des Oberen Mantels zurück. Sie kommt auch bei WOSKRESENSKAJA u. a. (1970) zum Ausdruck. So betragen die Au-Durchschnittsgehalte der basischen Komplexe von Skaergaard 8,9 mg/t, von Anakita 9,5 mg/t, von Slatogorsk aber nur 1,2 mg/t. ANOSCHIN & KEPESHINSKAS (1972) fanden Al-reiche Basalte Au-ärmer als tholeiitische Basalte. Auch nach GOTTFRIED u. a. (1972) haben unter den Basalten nur bestimmte Tholeiite erhöhten Au-Gehalt, und alkalische Intrusiva sind im Durchschnitt Au-ärmer als Intrusiva der Kalk-Alkali-Gruppe. So enthalten in der Kalk-Alkali-Gruppe Gabbros 3,9, Diorite und Tonalite 2,7, Granodiorite 1,2, Quarzmonzonite und Granite 0,8 mg/t Au, in der Alkali-Gruppe dagegen Gabbros und Monzodiorite 0,4, Syenite 0,3, Quarzmonzonite und Granite 0,7 mg/t Au.

In Ultrabasiten ist die Variation des Au-Gehalts ebenfalls sehr groß. Das ist einerseits dadurch bedingt, daß erhöhter Sulfidgehalt erhöhten Au-Gehalt begünstigt. Andererseits spielen offenbar regionale positive Spezialisierungen eine Rolle, wofür bestimmte Ultrabasite des Urals ein markantes Beispiel darstellen (BORISENKO u. a. 1972).

Bei den Granitoiden wird die allgemeine Tendenz im geochemischen Verhalten des Au durch die Zunahme des Au-Gehalts in einem Intrusivkörper vom sauren Kern zum basischen Rand widergespiegelt. WOSKRESENSKAJA & ZWEREWA (1968) fanden die basischere hybride Endokontaktfazies eines Granitoidmassivs bei starker Dispersion der Gehalte (1,0—8,0 mg/t) deutlich Au-reicher als die Kernfazies, die im Durchschnitt 1,1 mg/t Au enthält. Durch Tiefenhybridisation entstandene dioritoide Xenolithe der Kernfazies sind durch erhöhten Au-Gehalt ausgezeichnet (2,0—2,5 mg/t), Xenolithe der Endokontaktfazies haben sogar 8,5 bis 15,0 mg/t Au. DAWLETOW & DSHAKSCHIBAJEW (1970) beschrieben eine Granitoidmasse, in der die mittleren Au-Gehalte für Granite 2,4 mg/t, für Granodiorite 3,1 mg/t und für Quarzdiorite 3,5 mg/t betragen.

Eng verbunden mit der Frage nach der Abhängigkeit zwischen Au-Gehalt und Gesteinschemismus ist die Frage nach dem Verhalten des Au bei der magmatischen Differentiation.

ANOSCHIN & POTAPJEW (1966) konnten bezüglich dieser Frage keine signifikanten Unterschiede zwischen den Au-Gehalten der einzelnen Intrusionsphasen zusammengesetzter Granitoidmassive feststellen (Koliwansker Massiv, Altai, 0,5—2,3 mg/t, ⌀ 1,1 mg/t; Changilaisker Massiv, Transbaikalien, 0,9—1,9 mg/t, ⌀ 1,2 mg/t).

WOSKRESENSKAJA & ZWEREWA (1968) fanden keine wesentliche Differenzierung von den basischen Frühphasen (Gabbros, Gabbrodiorite) eines Intrusivkomplexes zu seinen Spätphasen (Quarzdiorite, Plagiogranite), wobei allerdings die Variation der Au-Gehalte in den erstgenannten größer ist und bis zu 22 mg/t heraufreicht. Wie diese Autoren führten VINCENT & CROCKETT (1960b) und WOSKRESENSKAJA u. a. (1970) die nicht gerichteten Au-Gehaltsschwankungen in den von ihnen untersuchten basischen Magmatitkomplexen auf die Differentiationsträgheit des Au infolge seines chemisch inerten Verhaltens zurück.

Im hochintrusiven Kalbinsker Granitoidmassiv deuteten jedoch SADOWSKY u. a. (1971) die Abnahme des Au-Gehalts von frühen zu späten Bildungen von 2,04 mg/t auf 0,72 mg/t als Differentiationseffekt, was durch die Ta-Anreicherung in gleicher Richtung unterstützt wird. Betrachtet man den Au-Gehalt in den betreffenden Magmatiten als Widerspiegelung der Differentiationsvorgänge im Herd, so ist daraus eine Au-Anreicherung in Frühkristallisaten abzuleiten. Dagegen erklärt STSCHERBAKOW (1965, 1967) die Au-Armut saurer Intrusiva dadurch, daß ein Teil ihres Au-Gehalts durch die entstehenden Restlösungen ausgetragen worden sei.

Wie bei den basischen Komplexen hat sich auch bei den Granitoiden herausgestellt, daß bestimmte Vorkommen bei ähnlichem Hauptchemismus durch stark abweichende Au-Gehalte ausgezeichnet sind. Derartige positive Spezialisierungen beschrieben verschiedene Autoren. Nach SCHILIN (1968) zeigt eine neogene magmatische Serie Kamtschatkas deutliche Au-Spezialisierung gegenüber einer älteren Serie (Au-Gehalt in mg/t):

	Kreide-Paläogen	Neogen
Andesite und Andesit-Basalte	2—3	5
Gabbro, Gabbrodiorite, Quarzdiorite	3	30
Granodiorite	1	25
Granite	2	18

Die meisten Golderzvorkommen dieses Gebiets liegen in kontaktnahen Teilen der neogenen Intrusiva. In einem Granodioritmassiv deckt sich die Zone primärer positiver Au-Gehaltsanomalien mit einer Zone, die durch eine Fülle großer schwach umkristallisierter Xenolithe charakterisiert ist.

Auch DAWLETOW u. a. (1968) beschreiben eine vom Intrusionsalter abhängige Au-Spezialisierung in einem Au-Lagerstättenbezirk (Au-Gehalt in mg/t):

Devon	Diorite	2,2—5,0
Karbon, 1. Phase:	Gabbrodiorite, Diorite, Quarzdiorite	2,0—2,6
2. Phase:	Granodiorite, Trondhjeimite, Plagiogranite	0,79—7,1
3. Phase:	Leukogranite	2,6
Permo-Trias:	Granodiorite, Granosyenite, Granosyenitporphyre, kleinkörnige Granite	1,6—40,0

Während mit den devonischen Dioriten keine Au-Vorkommen räumlich assoziieren, sind mit den karbonischen Intrusiva einige und mit den permo-triassischen Magmatiten die meisten Au-Vorkommen verbunden. BUSCHLJAKOW (1971) gibt Werte für ein Au-spezialisiertes Granitoidmassiv aus dem Ural, mit dem Au-Lagerstätten vergesellschaftet sind, an. Bei relativ großer Dispersion der Gehalte sind die Mittelwerte um etwa 1,5mal höher als in Granitoiden der Altai-Sajan-Goldprovinz (Au-Gehalt in mg/t):

Quarzdiorite	0,8— 3,4	⌀ 1,6
Granodiorite	0,4—32,0	⌀ 7,0
Amphibol-Biotit-Granite	0,9—10,0	⌀ 5,6
Biotit-Granite	0,5— 8,6	⌀ 2,3
Gang-Granite	0,5— 1,3	⌀ 0,8

Von CHAJRULLIN u. a. (1968) werden Au-Gehalte von 60—400 mg/t in Granodioriten und bis zu 20 mg/t in Adamelliten auf regionale Spezialisierung zurückgeführt.

Auch in anderen Arbeiten wird über erhöhte Au-Gehalte in Granitoiden berichtet. In ihnen ist jedoch weniger klar, inwieweit es sich um Au-Gehaltserhöhungen im Gefolge hydrothermaler Umwandlung handelt. So wurden von MANTEI & BROWNLOW (1967) aus einem Granodioritstock, mit dem randlich Au-Lagerstätten verbunden sind, Au-Gehalte von 4—53 mg/t angegeben. Werte von mehr als 1—2 mg/t wurden aber in einer späteren Untersuchung als erhöht durch hydrothermale Verseuchung erkannt (MANTEI u. a. 1970).

Ein besonderes Phänomen der geochemischen Verteilung des Au scheinen die höheren Durchschnittsgehalte in sauren Effusivgesteinen im Vergleich mit den äquivalenten Intrusivgesteinen zu sein. Diese Tendenz ist vor allem von STSCHERBAKOW & PERESHOGIN (1966) und STSCHERBAKOW (1967) herausgearbeitet worden. Sie wird von den Autoren damit erklärt, daß der ursprüngliche Au-Gehalt der Magmen in Effusiva durch Abschreckung fixiert, in Intrusiva aber mit den hydrothermalen Restlösungen ausgetragen wird. Dieser Befund ist eine der Hauptstützen für STSCHERBAKOWS Meinung, daß die Au-Akkumulation in hydrothermalen Bildungen über eine magmatische Phase erfolgt.

Die Ergebnisse hinsichtlich der Au-Verteilung in Magmatiten lassen sich mit STSCHERBAKOW & PERESHOGIN (1964) in der Weise zusammenfassen, daß im allgemeinen der Au-Gehalt in basischen höher ist als in sauren und in intrusiven niedriger als in effusiven.

Die bevorzugte geochemische Bindung des Au an basische Gesteine ist anhand der Ionendichte zu erklären, die als ein Maß für den inneren Energiezustand der Ionen und damit für das Verhalten im Druck-Temperatur-Feld angesehen wird (STSCHERBAKOW 1963, 1964, 1965). Danach stehen von den Hauptelementen Mg^{2+} und Fe^{2+} dem Au^{1+} am nächsten. Das stimmt mit dem siderophilen Charakter des Au überein, auf den zuerst vor allem aus der Au-Verteilung in Meteoriten geschlossen wurde (VINCENT & CROCKET 1960b, STSCHERBAKOW & PERESHOGIN 1964), aber auch aus der guten Korrelation von $r = 0{,}73$ für die Au- und Fe_2O_3-Gehalte in irdischen Magmatiten (STSCHERBAKOW & PERESHOGIN 1964). Er wurde neuerdings für irdische Magmatite von STSCHERBAKOW u. a. (1971) bestätigt, von BORISENKO u. a. (1972) allerdings für Ultrabasite wieder in Frage gestellt. In der letztgenannten Arbeit wird insbesondere die sehr ungleichmäßige Verteilung des Au innerhalb eines Gesteinstyps betont, die ihre Ursache in schwachen hydrothermalen Umlagerungen haben könnte.

Bei Betrachtung des geochemischen Verhaltens des Au und seiner genetischen Beziehungen zu anderen Elementen in Abhängigkeit von der Ionendichte (Ionenmasse/Ionenvolumen) stößt man auf einige erwähnenswerte Aspekte. Nach den Werten der Ionendichte steht das Au nicht nur den Hauptelementen Mg und Fe nahe, sondern auch den Erzelementen Cu und Pb. Neben seiner bevorzugten Assoziation mit basischen Gesteinen wäre so auch seine enge Vergesellschaftung mit Cu- und Pb-Mineralen in hydrothermalen Erzvorkommen erklärt, nicht jedoch beispielsweise seine enge Beziehung zu Pt in Ultrabasiten. Interessant ist weiterhin die empirische Feststellung, daß die durchschnittlichen Gehalte von Spurenelementen mit Ionendichten unter 36 (Hg, Sb, Ag, Au, Zn, Cu, Ni, Ti) in Granitoiden niedriger als in basischen Gesteinen sind, die Gehalte von Spurenelementen mit Ionendichten über 39 (Zr, U, Be, Th, Sn, Ta, W) aber höher (STSCHERBAKOW 1964). Höhere Mobilität auf Grund höherer Ionendichte soll die Anreicherung in sauren Differentiaten fördern. Diese Forderung steht einer primären Anreicherung des Au in sauren magmatischen Differentiationsprodukten entgegen.

2. Gold in Mineralen der Intrusiva

Über die Art, wie das Au in den Magmatiten gebunden ist, gibt es trotz der großen Fortschritte in geochemischen Fragen desselben unterschiedliche Meinungen.

Das kristallchemische Verhalten des Au ist charakterisiert durch seine geringe Neigung zur Ionenbindung und seine fehlende Affinität zu den meisten Anionen, insbesondere zum Sauerstoff (STSCHERBAKOW & PERESHOGIN 1964). Daraus resultiert sein vorherrschendes Vorkommen in gediegener Form. Dieses Verhalten wird als Ausdruck seines siderophilen Charakters gewertet (RANKAMA & SAHAMA 1950 u. a.), der auch durch hohen Au-Gehalt bis 5 g/t in gediegenem Eisen aus Basalt angezeigt wird (GOLDSCHMIDT & PETERS 1932). Nur unter bestimmten Voraussetzungen geht das Au Verbindungen mit anderen, ebenfalls seltenen Elementen ein (Te, Sb, Bi) oder bildet Legierungen, z. B. mit Cu oder Ag (STRUNZ 1957). Derartige Minerale sind aber bisher nur in Gesteinen mit lagerstättenbildenden Au-Konzentrationen gefunden worden.

Die Bindung des Au in hydrothermal nicht beeinflußten Magmatiten ist weitgehend ungeklärt. Viele Autoren halten die Fixierung in atomarer Form für wahrscheinlich. Einige leiten darüber hinausgehend aus der Ähnlichkeit der Ionenradien (Cu 1,28 Å, Au 1,44 Å, VINCENT & CROCKET 1960a, ROWE 1969) oder aus der guten Korrelation zwischen Au- und Cu-Gehalten ($r = 0{,}81$ nach STSCHERBAKOW & PERESHOGIN 1964, $r = 0{,}78$ nach HAMRABAJEW & URUNBAJEW 1971) einen Einbau — vielleicht metastabil — in Kupferminerale, insbesondere Chalkopyrit ab.

Nach GINZBURG & ROGOWER (1960) enthält liquidmagmatischer Chalkopyrit 20mal mehr Au als paragenetischer Pyrrhotin. Auch eine begrenzte kristallchemische Bindung in Silikaten (STSCHERBAKOW & PERESHOGIN 1964, 1966) wird erwogen.

Von neueren Untersuchungsergebnissen zu dieser Frage seien folgende aufgeführt:

1. Das Vorkommen gediegenen Goldes in Au-spezialisierten Biotit-Graniten des Urals, die ausdrücklich frei von hydrothermalen Einflüssen sind, wird von BUSCHLJAKOW (1971) erwähnt.

2. CHAJRULLIN u. a. (1968) fanden in den von ihnen untersuchten Au-spezialisierten Granitoiden als Akzessorien neben gediegenem Gold und Silber Whitneyit (Cu mit As), gediegenes Kupfer und Blei, Titanminerale, Minerale Seltener Erden, Sulfide von Pb, Mo, Zn und Cu sowie relativ hohe Magnetitgehalte. Ob diese Paragenese die primärmagmatischen Verhältnisse repräsentiert, ist unklar. Nach den bisherigen Vorstellungen ist man geneigt, ihr wegen des Auftretens bestimmter Minerale sekundären hydrothermalen Charakter zuzusprechen. Damit könnte auch der primäre Charakter der Au-Spezialisierung in Frage gestellt sein. Da jedoch gerade über die akzessorischen Minerale der Magmatite laufend neue Erkenntnisse gewonnen werden (TUROWSKIJ 1964, Co—Ni-Arsenide in Granitoiden nach BRÄUER 1970), kann es sein, daß unsere Vorstellungen über die genetische Interpretation einiger Erzminerale in Magmatiten zu revidieren sind. Geringfügige autometasomatische Stoffmobilisation und Hydrothermalgenese böten eine Möglichkeit, daß diese Minerale ohne hydrothermale Zufuhr entstanden sind.

3. In der Au-reichen nichtelektromagnetischen Fraktion von postmagmatisch nicht veränderten Granitoiden bestimmten Dawletow & Dshakschibajew (1970) Apatit, Titanit, Zirkon, Arsenopyrit, Pyrit, gediegenes Zink und Silber.

4. Komow (1968) führt gediegenes Gold als akzessorische Komponente einiger Proben mittelkörniger Granite auf.

Die Angaben über den Au-Gehalt in den gewöhnlichen Mineralen der Intrusivgesteine sind recht unterschiedlich. Doch läßt sich nach den meisten Daten die Tendenz zu hohen Werten in Mg- und Fe-reichen Mineralen erkennen.

Einige durchschnittliche Au-Gehalte für Minerale aus Granitoiden sind (in mg/t):

	Werchisetsk (Ural) Buschljakow (1971)	Tschatkal (Tjan-Shan) Dawletow (1970)	Sowjetunion Dawletow (1970)
Quarz	1,7	1,7	1,0
Feldspat	1,7	1,7	2,0
Biotit	1,8	7,1	3,0
Amphibol	1,6	4,0	3,2
Magnetit	3,6	3,3	3,9
Titanit	2,7	9,3	4,4

Minerale basischerer Intrusiva weisen nach Stscherbakow (1967) höhere mittlere Au-Gehalte auf (in mg/t):

Plagioklas	aus Gabbros und Ultrabasiten	4,2
Amphibol	aus Gabbros und Dioriten	5,6
Magnetit	aus Gabbros und Dioriten	48,0

Pyroxen (16,0 mg/t) und Olivin (14,0 mg/t) aus solchen Gesteinen haben nach Magnetit die höchsten Au-Gehalte.

In Ultrabasiten des Urals beträgt nach Borisenko u. a. (1972) der mittlere Au-Gehalt für Diopsid 16 mg/t, Amphibol 210 mg/t, Olivin 22 mg/t, Titanomagnetit 31 mg/t, Chromit 15 mg/t.

Der Variationsbereich des Au-Gehalts für eine Mineralart ist relativ groß, wie aus den Angaben von Dawletow & Dshakschibajew (1970) für die Granitoide von Tschatkal hervorgeht:

Quarz	0,4 – 3,3 mg/t
Feldspat	1,3 – 28,0 mg/t
Biotit	1,8 – 47,0 mg/t
Amphibol	0,8 – 5,5 mg/t
Magnetit	1,1 – 4,2 mg/t
Titanit	9,0 – 58,0 mg/t

Als Hauptkonzentratoren des Au fungieren nach noch unbekannten Regeln, teilweise in Abhängigkeit vom Gesteinstyp, verschiedene Minerale. So enthält in den Granitoiden einiger Gebiete Magnetit deutlich mehr Au als Biotit (Chajrullin u. a. 1968, Hamrabajew & Urunbajew 1971). Stscherbakow u. a. (1971) führen an, daß der Au-Gehalt in Magnetit aus Granitoiden und Kontakthornfelsen 30—100 mg/t und mehr trägt. Gottfried u. a. (1972) fanden im Magnetit aus Granitoiden bis zu 50 mg/t. Dagegen sind nach Dawletow & Dshakschibajew (1970) in Granitoiden von Tschatkal Titanit und Biotit neben der nichtelektromagnetischen Fraktion die Hauptkonzentratoren. Magnetit nimmt nur eine untergeordnete Rangstellung ein. Swerewa & Gawrilenko (1971) geben sehr geringen Au-Gehalt für Magnetit aus einem Granitoidmassiv in Kasachstan an (unter 1 mg/t). Auch in basischen Intrusiva ist die führende Rolle des Magnetits als Konzentratormineral (Stscherbakow 1967) nicht unbestritten (Swerewa & Gawrilenko 1971). Die Au-Verteilung auf die Minerale wird offenbar sehr leicht beeinflußt von spezifischen petrogenetischen Faktoren.

Über die Abhängigkeit der Au-Konzentration in den Mineralen vom Gesteinstyp gibt die Untersuchung von Dawletow & Dshakschibajew (1970) weitere Auskunft. Danach ist:

Quarz	am Au-reichsten in Graniten, am Au-ärmsten in Monzoniten
Biotit	am Au-reichsten in Dioriten, am Au-ärmsten in Graniten
Amphibol	am Au-reichsten in Granodioriten, am Au-ärmsten in Graniten
Magnetit	am Au-reichsten in Granodioriten, am Au-ärmsten in Adamelliten

Das bedeutet, daß die mafischen Minerale in basischen Granitoiden Au-reicher sind als in sauren, Quarz aber in sauren Au-reicher als in basischen ist. Aus der relativen Au-Anreicherung in Quarz aus sauren Granitoiden könnte man — sofern ihre Allgemeingültigkeit bewiesen wird — auf eine gewisse Au-Anreicherung durch Kristallistationsdifferentiation schließen.

In Muskoviten aus Granitoiden stellte Buschljakow (1971) erstaunlich hohe Au-Gehalte fest. Der Durchschnitt von 10,9 mg/t ist höher als der für alle anderen von ihm untersuchten Minerale. Die enge Beziehung zwischen Au und Fe scheint daher nur hinsichtlich des Pauschalchemismus zu gelten, worauf ja auch die mancherorts relativ hohen Au-Gehalte in Feldspäten und Quarz hinweisen.

Als Hauptträgerminerale des Au in Granitoiden fungieren nach

Dawletow & Dshakschibajew (1970)	meist Feldspäte, seltener Biotit oder Quarz,
Hamrabajew & Urunbajew (1971)	Biotit und Amphibol,
Buschljakow (1971)	Plagioklas, Biotit und Quarz,
Swerewa & Gawrilenko (1971)	Feldspäte und Quarz,
Gottfried u. a. (1972)	Feldspäte, Biotit, Amphibol, vereinzelt Magnetit.

Zusammenfassend ist zu bemerken, daß es keine eindeutige einseitige Bindung des Au an bestimmte gesteinsbildende Minerale gibt. Mafische Akzessorien und Mafite sind in den meisten Fällen die Konzentratoren, tragen in basischen Intrusiva durchweg, in Granitoiden aber nur selten die Hauptmenge des Au. Die bisher untersuchten Beispiele lassen zahlreiche Möglichkeiten der Au-Verteilung auf die Minerale erkennen. Die Au-Spezialisierung bestimmter Granitoide drückt sich nicht in der Au-Spezialisierung bestimmter Minerale dieser Granitoide aus, sondern beruht auf einer unregelmäßigen Erhöhung des Au-Gehalts in verschiedenen Mineralen.

3. Gold in Pegmatiten

Au-Gehaltsbestimmungen liegen bisher weder von Pegmatiten saurer noch basischer Abkunft vor. Aus einigen Gebieten sind aber Au-Vererzungen in sauren Pegmatiten bekannt (BECK 1906, Zusammenfassung bei SCHNEIDERHÖHN 1961). Aus der Literatur ist nicht klar ersichtlich, ob das Au dieser Pegmatite der eigentlichen pegmatischen Kristallisationsphase angehört oder ob es in einer späteren hydrothermalen Phase zugeführt wurde. Nach BECK (1906) soll es Übergänge zwischen Goldquarzgängen und Pegmatiten geben. FRIEDENSBURG (1953) hebt hervor, „daß die pegmatitähnlichen Goldquarzgänge fast immer mehr mit den natronreichen Albitpegmatiten verwandt sind als mit den kalireichen Orthoklaspegmatiten". Auch der von BRAMMAL & HARWOOD (1924, zitiert nach GALAGHER 1940) erwähnte goldhaltige Pegmatit ist Na-betont. Andererseits führen Goldquarzgänge häufig Albit als Nebenkomponente, so bemerkt beispielsweise von BUSCHENDORF (1931).

4. Gold in hydrothermalen Bildungen

Gold ist in manchen hydrothermalen Gängen und vereinzelt auch in Form hydrothermaler Imprägnationen stark angereichert, z. B. in sogenannten Sekundärquarziten (STSCHERBAKOW 1967). Andererseits kann sein Gehalt in hydrothermal umgewandelten Gesteinen häufig gegenüber dem Ausgangsgestein erniedrigt sein (SCHILIN 1968). Dieser Befund eröffnet Möglichkeiten zur Ableitung positiver Anomalien. Gold bevorzugt sulfidische meso- bis epithermale Assoziationen. Auch gefügemäßig sind Gold und Sulfide meist eng vergesellschaftet. Eine generelle Abhängigkeit zwischen Sulfid- und Goldgehalt der Lagerstätten besteht jedoch nicht. In katathermalen Bildungen sind Au-Anreicherungen gering an Zahl und Intensität. Für diese ist in vielen Fällen eine katathermale Au-Abscheidung nicht zweifelsfrei erwiesen. So führen zwar in einigen Gebieten nach SCHNEIDERHÖHN (1941) Turmalinquarzgänge reichlich Au, jedoch belegen beispielsweise mikroskopische Angaben bei MACHAIRAS (1963) für Guayana, daß das Au dieser Gänge einer jüngeren wahrscheinlich tieftemperierten Mineralisationsphase angehört (vergleiche auch AHLFELD 1937, PETROWSKAJA & ANDREJEWA 1958, zitiert nach RADKEWITSCH & MOISEJENKO 1966, AUGUSTITHIS 1967). Andererseits gibt es Beispiele, in denen Turmalin nicht als kritisch für eine hochtemperierte Bildung angesehen werden darf. So ist für den Turmalin der früher teils als pegmatitisch, teil als hydrothermal gedeuteten Goldlagerstätte von Passagem in Brasilien neuerdings auf Grund anomal hohen Borgehalts in der erzsterilen Fazies des Horizonts, der den erzführenden „Lagergang" enthält, eine sedimentäre Boranreicherung wahrscheinlich gemacht worden (FLEISCHER & ROUTHIER 1973).

Für Greisen verschiedener Lokalitäten gibt STSCHERBAKOW (1967) Au-Gehalte von 10—30 mg/t, im Mittel 19 mg/t an. Diese Werte sind als erhöht gegenüber den Ausgangsgesteinen anzusehen, da unveränderte saure Magmatite nur selten einen derartig hohen Au-Gehalt aufweisen. Greisen, die teilweise Gold führen, erwähnt KUNAJEW (1963). Setzt man voraus, daß der nicht eindeutig definierte Begriff Greisen (OSSENKOPF 1971) von den genannten Autoren für hochtemperierte Umwandlung angewendet wurde, scheint eine gewisse Ausscheidungsmöglichkeit für Au auch unter diesen Bedingungen zu bestehen.

5. Verhalten des Goldes unter hydrothermalen Bedingungen

Für die Akkumulation des Au in hydrothermalen Bildungen im Gefolge magmatischer oder metamorpher Ereignisse ist sein Verhalten unter hydrothermalen Bedingungen von erstrangiger Bedeutung. Während man in dieser Frage früher fast nur auf Rückschlüsse aus dem Chemismus der goldhaltigen Paragenesen angewiesen war, sind in jüngerer Zeit durch experimentelle Untersuchungen verschiedener wäßriger Systeme unter kritischen und überkritischen Bedingungen zahlreiche neue Erkenntnisse gewonnen worden.

Der Transport des Au erfolgt über Lösungen. Sind solche nur in begrenztem Maße vorhanden wie bei einer im wesentlichen trockenen Thermometamorphose im Kontakthof plutonischer Körper, so kommt es nur zu einer begrenzten Mobilisierung und Neuverteilung des Au. Diese äußern sich in einer Sammelkristallisation unter Kornvergröberung, Ansiedlung auf Mikroklüften und Reinigung von Nebenkomponenten wie Hg, Sb, As (MOISEJENKO 1966) und sind begleitet von der Umwandlung des Pyrits in Magnetkies (BILIBIN 1949). Bei sehr intensiver Hitzeeinwirkung, die durch die Umwandlung von Magnetkies in Magnetit gekennzeichnet ist, soll nach BILIBIN eine Dispergierung und Verflüchtigung des Au einsetzen. STSCHERBAKOW (1965) konnte in Hornfelsen keine signifikanten Unterschiede zum Ausgangsmaterial feststellen. Ungeklärt ist die Beteiligung von Lösungen bei der dispersen Anreicherung von Au im Nebengestein positiv auf Au spezialisierter dioritoider Kleinintrusionen, die MOISEJENKO u. a. (1972) nachwiesen.

Bei der Regionalmetamorphose ist in Gesteinen, die primär reichlich Wasser enthalten (Peliten und Aleuroliten), eine Au-Anreicherung in der hochtemperierten Grünschiefer-Fazies und in der Epidot-Amphibolit-Fazies, ebenso wie eine Au-Verarmung in der Amphibolit-Fazies nachgewiesen (PETROW u. a. 1972). Daraus wird auf ein Abwandern des Au im Zuge der Entwässerung bei zunehmendem Metamorphosegrad geschlossen.

Hydrothermale Au-Anreicherungen treten unter sehr unterschiedlichen Temperaturen auf, wie man seit langem aus den Paragenesen und neuerdings genauer aus der Untersuchung von Flüssigkeits- und Gaseinschlüssen in paragenetischen Mineralen, insbesondere in Quarz, weiß (OWCHINNIKOW 1965, MOISEJENKO & FATJANOW 1971). Letztgenannte Autoren geben Temperaturen von 430—30°C für die Bildung hydrothermaler Au-Lagerstätten an. Thermobarimetrische Messungen an Gas- und Flüssigkeitseinschlüssen belegen eine Druckabnahme mit fallender Temperatur (LASKO u. a. 1971). Temperatur und Druck spielen danach nicht die entscheidende Rolle bei der Abscheidung des Au aus hydrothermalen Medien. Die Eh- und pH-Verhältnisse der Lösung und des Nebengesteins dürften einen wesentlich größeren Einfluß auf seine Mobilität ausüben.

Hinsichtlich der Art der Lösungen sowie des Zustands des Au in diesen Lösungen gibt es nach den bisherigen Untersuchungen drei Möglichkeiten:

1. In sauren Lösungen ist der Au-Transport als $[AuCl_4]^-$-Komplex in nicht reduzierendem Milieu möglich (KRAUSKOPF 1951, HELGESON & GARRELS 1968). Argumente gegen

den Erzelementtransport in chloridischer Bindung in sauren magmatischen Restlösungen wurden von GRATON (1940) vorgebracht. Er wird jedoch neuerdings wieder von einigen Autoren vertreten (STSCHERBAKOW u. a. 1971, TAUSON u. a. 1970, HENLEY 1973).

2. In alkalischen und fast neutralen Lösungen ist der Au-Transport nach KRAUSKOPF (1951) und früheren Autoren als $[AuS]^-$-Komplex möglich, nach neueren Untersuchungen von SEWARD (1973) in Form von Thio-Komplexen, und zwar in alkalischem Medium als $[Au_2(HS)_2S]^{2-}$, in neutralem Medium als $[Au(HS)_2]^-$, in saurem Medium als $[Au(HS)]^0$.

Experimente von BOYLE (1969) machten wahrscheinlich, daß maximale Au-Löslichkeit eher in fast neutralen bis schwach alkalischen Lösungen herrscht als in stark alkalischen. WEISSBERG (1970) gibt als Au-Löslichkeit in stark alkalischen Na_2S-Lösungen mit H_2S-Vormacht 1–6 g/t an, in weniger alkalischen mit HS^--Vormacht 100–200 g/t.

Um Größenordnungen niedriger, aber im gleichen Verhältnis liegen nach STSCHERBAKOW u. a. (1971) die Au-Gehalte in Flüssigkeitseinschlüssen im Gold des frühen Stadiums (0.0X mg/t) und des produktiven Stadiums (X.0 mg/t). Es besteht hinsichtlich der Tendenz gute Übereinstimmung zwischen Experiment und Naturbefund, wenn man annimmt, daß das frühe Erzbildungsstadium alkalischer ist als das produktive.

Rezente Au-abscheidende Hydrothermen in Neuseeland und Nevada sind fast neutral. Eine solche Hydrotherme in Neuseeland weist nach SEWARD (1973) eine Au-Konzentration von 0,00004 g/t auf. Sie ist damit stark untersättigt gegenüber der von WEISSBERG (1970) angegebenen Maximallöslichkeit von Au in neutralen Lösungen. Diese Au-Konzentration liegt noch wesentlich unter der von HELGESON & GARRELS (1968) für eine Lagerstättenbildung als ausreichend erachteten Konzentration von 0,02 g/t. Sie entspricht der von STSCHERBAKOW u. a. (1971) angegebenen Au-Konzentration in Flüssigkeitseinschlüssen des Goldes des frühen Stadiums. Der Unterschied zur Au-Konzentration in Flüssigkeitseinschlüssen im Gold des produktiven Stadiums ist relativ groß. Doch stellen die erhaltenen Daten zumindest eine angenäherte Übereinstimmung zwischen den so verschieden gearteten Untersuchungsmethoden an alten und rezenten Goldanreicherungen dar.

Die erwähnte Hydrotherme produziert an der Erdoberfläche ein Prezipitat mit 55 g/t Au. Für dieses Objekt schließt SEWARD (1973) unter Berücksichtigung der Au-Löslichkeiten der Chloro- bzw. Thio-Komplexe einen Au-Transport als Chloro-Komplex aus, weil der tatsächliche Au-Gehalt der Lösung höher ist als der auf Grund der Löslichkeitsdaten und der spezifischen Zusammensetzung der Lösung errechnete maximal mögliche Au-Gehalt in Form des Chloro-Komplexes. Diese Daten sind:

errechneter maximaler Au-Gehalt der Lösung als Chloro-Komplex: $5{,}6 \times 10^{-9}$ ppm

errechneter maximaler Au-Gehalt der Lösung als Thio-Komplex: $1{,}5 \times 10^{-2}$ ppm

tatsächlicher Au-Gehalt der Lösung: 4×10^{-5} ppm.

Die Ausfällung des Au aus solchen Lösungen erfolgt im wesentlichen durch Eh-Änderung. Die rezenten Au-abscheidenden Lösungen sind sowohl gegenüber der maximalen Au-Löslichkeit in neutralem als auch in alkalischem Medium stark untersättigt, so daß eine pH-Änderung allein keine Übersättigung und somit Ausfällung hervorrufen kann. Mit Eintritt der Lösung in oxidatives Milieu erfolgt Oxidation der Sulfide und Hydrogensulfide und auch des $[AuS^-]$-Komplexes unter Erhöhung der Azidität der Lösung und Ausscheidung des Au in elementarer Form. Der $[AuS^-]$-Komplex ist zwar über einen großen pH-Bereich stabil (5,3–13,5), jedoch nur über ein sehr kleines Eh-Intervall (KRAFT u. a. 1974). Daher beeinflussen Nebengesteine mit unterschiedlichem Eh-Potential die Au-Abscheidung in starkem Maße.

3. Auch in HS^-- und S^{2-}-freien Lösungen soll Au nach WILOR & SHKARUPA (1971) transportfähig sein, wobei es im System $Au-SiO_2-H_2O$ als $[AuO_2]^-$ und in kolloidaler Form vorliegt, im System $Au-SiO_2-NaCl-H_2O$ als chloridischer Komplex.

Über die Art der Au-abscheidenden Lösungen geben Flüssigkeits- und Gaseinschlüsse in Mineralen Auskunft. In Gold

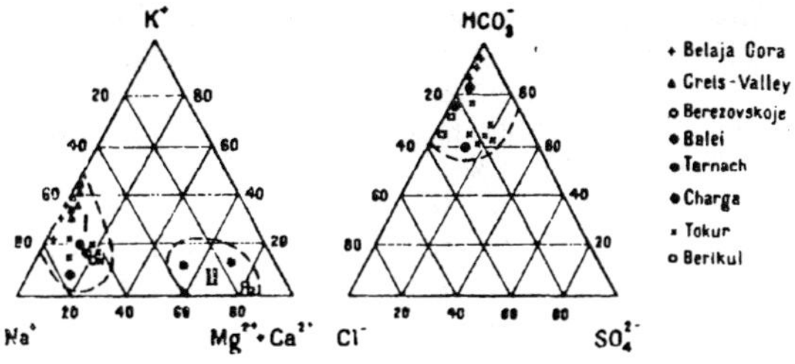

Abbildung. Zusammensetzung der Flüssigkeitseinschlüsse im goldführenden Quarz verschiedener Lagerstätten (nach MOISEJENKO & FATJANOW 1971).

eingeschlossenes Gas besteht zu 90% aus CO_2 (PETROWSKAJA u. a. 1971). Nach Flüssigkeitseinschlüssen im Quarz der Au-produktiven Stadien sind die hydrothermalen Lösungen alkalibikarbonatisch oder erdalkalibikarbonatisch, wobei in beiden Typen Na stark gegen K überwiegt (MOISEJENKO & FATJANOW 1971) (siehe Abbildung). Nach LASKO u. a. (1971) repräsentiert der erdalkalikarbonatische Typ das mitteltemperierte Stadium. Für hochtemperierte Au-führende Bildungen sollen nach diesen Autoren natriumchloridische Lösungen charakteristisch sein. Ungeachtet der Abweichung hinsichtlich der vorherrschenden Anionenkomponente in hochthermalen Lösungen kommt in beiden Arbeiten die überragende Rolle des Na in den Au-abscheidenden Lösungen zum Ausdruck.

6. Gold in sedimentären Bildungen

Bei der Sedimentbildung kann es — ein Angebot durch ein Liefergebiet vorausgesetzt — unter zwei sehr verschiedenartigen Bedingungen zur Au-Anreicherung kommen, und zwar bei der Seifenbildung und bei der Metallfällung in stark reduzierendem Milieu der Sapropelfazies. Lagerstättenbildende Konzentrationen werden nur in ersterem Falle erreicht, jedoch beträgt der Au-Gehalt auch in letzterem Falle ein Vielfaches der Clarke-Werte anderer Sedimente.

Bituminöse Tonschiefer (LEUTWEIN 1951, zitiert nach TISCHENDORF 1959):	50– 800 mg/t
Schwarze Schiefer (TISCHENDORF 1959), 3 Proben:	300–1300 mg/t
Graphitische Schwarzschiefer (BOYLE 1961):	bis 70 mg/t
Karbonatische Schwarzschiefer (VILJOEN u. a. 1969), 3 Proben:	75 mg/t
Bituminöse Kalksteine (NIKITIN u. a. 1970), 11 Proben:	200 mg/t
Mittlere Gehalte (STSCHERBAKOW 1967):	
Tonschiefer	2,5 mg/t
Sandsteine	2,2 mg/t
Kalksteine	2,8 mg/t
Gneise	4,3 mg/t

Gering erhöhte Gehalte können auch in den im unteren Teil der vorstehenden Tabelle angeführten Gesteinen in Abhängigkeit von der genetischen Abkunft des klastischen Materials vorkommen (STSCHERBAKOW 1965, STSCHERBAKOW & PERESHOGIN 1966). Darüber hinaus ist in letzter Zeit auf erhöhte Au-Gehalte in sedimentären Eisenerzen aufmerksam gemacht worden. Solche von Kriwoj-Rog enthalten nach ROSHKOW u. a. (1971) im Mittel 0,0X g/t.

Auch in glaukonitischen Sandsteinen fand SEELAND (1973) bis zu 40 mg/t Au. Dagegen liegt der Au-Gehalt in neun Schwarzschieferproben verschiedener Vorkommen der nordöstlichen USA nach diesem Autor durchweg unter 20 mg/t.

Von 46 Proben aus den Marmoren der Grenville-Serie haben nach SEELAND (1973) 35 Proben weniger als 20 mg/t Au, aber 11 Proben 20—200 mg/t Au, was möglicherweise auf ihren ursprünglich höheren Bitumengehalt zurückgeht.

(Literatur am Schluß des III. Teils)

Zusammenfassung

Die Clarke-Werte der Gesteine, die Gehalte in koexistierenden Mineralen und die Ionendichte stützen den siderophilen Charakter des Goldes. Neben lagerstättenbildenden Goldanreicherungen unter hydrothermalen Bedingungen kommt es im Rahmen magmatischer und sedimentärer Prozesse zu Vorkonzentrationen. Diese spiegeln sich in einer deutlich über den Clarke-Wert der betreffenden Gesteine hinausgehenden positiven Spezialisierung bestimmter Vorkommen wider. Die Spezialisierung kann zeitlich und räumlich sein. Der Transport des Goldes bei der Lagerstättenbildung kann in verschiedener Form erfolgen. Für die Abscheidung ist nicht die Änderung der Druck- und Temperaturverhältnisse, sondern die Änderung des Redoxpotentials der Lösung maßgebend.

Резюме

Кларковые данные пород, содержания в сосуществующих минералах и ионная плотность поддерживают сидерофильный характер золота. Рядом с формирующими месторождения обогащениями золота при гидротермальных условиях происходят в рамке магматических и осадочных процессов предварительные концентрации. Они отражаются в находящей ярко над кларковым значением соответствующих пород восходящей положительной специализации отдельных проявлений. Специализация может быть временной и пространственной. Перенос золота при образовании месторождении осуществляется различными путями. Для выделения руководящим является не изменение условий давления и температуры, а изменение редоксного потенциала раствора.

Summary

The rock Clarkes, contents of coexisting minerals and ion density support the siderophilic character of gold. Preliminary concentrations take place within magmatic and sedimentary processes in addition to gold concentrations forming deposits under hydrothermal conditions. They are reflected in a positive specialization of certain occurrences obviously exceeding the Clarke of the rocks in question. The specialization may be a temporal as well as spatial one. During the formation of deposits gold is transported in a different way, a variation of the solution redox potential and not such a one of the pressure and temperature conditions being decisive for the deposition.

Die Kupferlagerstätten der Sredna-Gora-Zone (VR Bulgarien) und ihre Stellung im alpidisch-ostmediterranen Cu-Gürtel[1]

BAUMANN, L., Freiberg[2]

1. Einführung

Die vorliegenden Ausführungen beziehen sich auf Ergebnisse neuerer lagerstättengeologischer und minerogenetischer Untersuchungen der Sredna-Gora-Zone einschließlich ihrer Stellung innerhalb der alpidisch-ostmediterranen Cu-Provinz, welche in den Materialien und Vorträgen des IV. IAGOD-Symposiums in Varna dargelegt sowie durch Exkursionen in dieses Gebiet selbst gewonnen werden konnten. Der alpidisch-ostmediterrane Cu-Erzgürtel umfaßt eine Reihe von bedeutenden Cu—Mo—Polymetall-Lagerstätten des hydrothermalen vulkanogen-sedimentären Typs (Radka/Sredna Gora, Ergani Maden/Ostanatolien), des „porphyry copper"-Typs (Majdanpek/Ostserbien, Medet/Sredna Gora, Murgul/Ostanatolien, Ankawan/Kleiner Kaukasus) sowie des metasomatischen Skarntyps (Sasca-Montana/Banat, Propada/Sredna Gora) und des Gangtyps (Burgas, Rossen/Sredna Gora). Der Erzgürtel läßt sich über 5000 km in NW—SE-Richtung verfolgen und kann bezüglich seiner Cu- und Mo-Vorräte mit der in mehrfacher Hinsicht sehr ähnlichen Lagerstättenprovinz des ostpazifischen Gürtels der Anden-Kordillere von Nord- und Südamerika verglichen werden. Innerhalb dieses großen Erzgürtels bildet die Sredna-Gora-Zone Bulgariens mit ihren zahlreichen bergwirtschaftlich bedeutenden Cu-Lagerstätten einen wichtigen Teilbereich.

2. Die Sredna-Gora-Zone

Die Sredna-Gora-Geosynklinal(Orogen)-Zone verläuft in Richtung WNW—ESE quer durch Bulgarien und wird begrenzt im S, zu den Rhodopen, durch die Maritza-Tiefenstörung und im N, zum Balkangebirge, durch die Transbalkantiefenstörung (Abb. 1).

Der heutige Strukturaufbau der Sredna-Gora-Zone erfolgte im wesentlichen während der alpidischen Orogenese. Ihre Lage am N-Rand des alten kratogenen Zwischenmassivs der Rhodopen, welches einer teilweisen alpidischen tektonischen Regenerierung mit unterworfen wurde, bewirkte eine gewisse Spezifik in der Geosynklinalentwicklung (geringe Absenkungstiefe, intermediärer bis saurer Charakter des Initialmagmatismus: Andesit-Basalte, Andesite, Trachyandesite). Die Eugeosynklinaletappe begann bereits während der kimmerischen Phase (Oberjura) in ihrem östlichen Bereich (Strandža-Gebiet) mit einem initialen Spilit-Diabasmagmatismus und zugehörigen Pyrit-Chalkopyritlagerstätten (z. B. Gramatikovo-Distrikt). Nach einer ersten Faltung während der Unterkreide kam es im Verlauf der jungalpidischen Phase (Oberkreide) ent-

Eingang des Manuskripts in der Redaktion: 9. Okt. 1975.
[1] Vortrag, gehalten auf der Informationstagung des NKGW und der GGW am 18. 3. 1975 in der Akad. d. Wiss. der DDR, Berlin.
[2] Veröffentlichung Nr. 519 der Sektion Geowissenschaften der Bergakademie Freiberg.

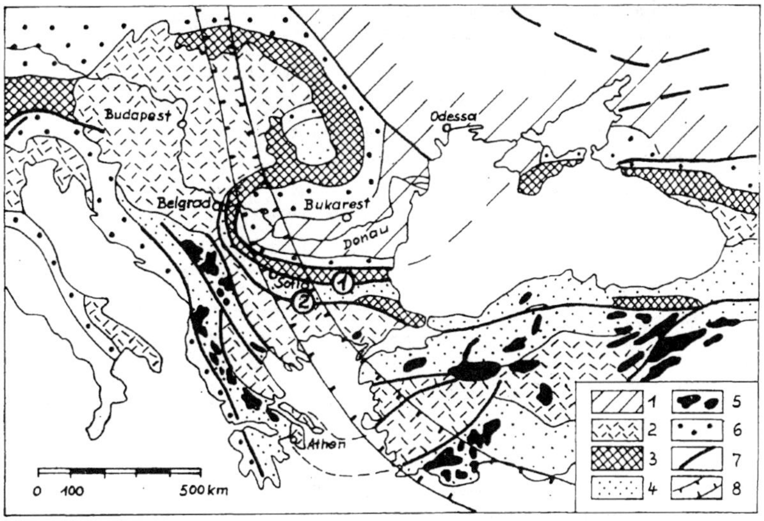

Abb. 1. Die geotektonische Stellung Bulgariens innerhalb des alpidisch-ostmediterranen Orogenbereiches
1 – Osteuropäische Tafel, 2 – Präalpidische Zwischenmassive, 3 – Alpidische Geoantiklinalbereiche, 4 – Alpidische Eugeosynklinalbereiche (mit vulkanogenen Formationen), 5 – Basische Magmatite, 6 – Alpidische Miogeosynklinalbereiche, 7 – Bedeutende Tiefenstörungen, 8 – Querstrukturen
(1) – Transbalkanstörung, (2) – Maritza-Tiefenstörung

lang der Randzone zu den Rhodopen zu einer weiteren Geosynklinalentwicklung, die sich vom Schwarzen Meer bis in die Karpaten erstreckte. Der zugehörige vulkanogene Initialmagmatismus war andesitisch-dazitisch (im Zentralteil: Panagjurište-Distrikt) bis trachyandesitisch (im E- und W-Teil: Burgas- bzw. Sofia-Synklinale). Ihm folgte im Tertiär (laramische Phase) ein spätorogener bis subsequenter Magmatismus granodioritischen bzw. monzosyenitischen Charakters, der vor allem in den nördlichen Antiklinalzonen in Erscheinung trat.

Beide magmatische Etappen führten zu umfangreichen Lagerstättenbildungen. So sind mit der initialen Andesit-Dazitformation der Geosynklinalzone vulkanogen-sedimentäre Lagerstätten mit Mn (Požarevo bei Sofia), mit Pyrit-Chalkopyrit, z. T. mit Pb—Zn und Baryt (Panagjurište-Distrikt, Chelopech-Distrikt, Strandža-Gebiet) und mit vorwiegend Baryt (Stara Zagora) verknüpft, während an die spätorogenen bis subsequenten Granodiorit-Monzonit-Intrusiva (Banatite) Imprägnationslagerstätten vom Typ der „porphyry-copper-ores" (Medet), Metasomatit(-Skarn)-Lagerstätten mit Fe (Jambol-Distrikt: Krumovo) und Fe—Cu (Strandža-Distrikt) sowie Ganglagerstätten mit Cu—Mo (Burgas-Distrikt) gebunden sind (Abb. 2).

Die Sredna-Gora-Zone ist gekennzeichnet durch mehrere große WNW—ESE-streichende Längsstörungen, die einerseits als Synklinal-Antiklinal-Grenzen in Erscheinung treten (Graben-Horst-Charakter) und andererseits seit der Oberkreide magmatitkontrollierende Funktionen ausüben.

Die Sredna-Gora-Zone bildet eine der wichtigsten der fünf metallogenetischen Zonen Bulgariens (Rhodopen, Sredna Gora, Balkan, Kraištides- und Varna-Zone; Abb. 2).

Von den verschiedenen Lagerstättentypen sind die verbreitetsten und ökonomisch bedeutungsvollsten die Kupferlagerstätten.

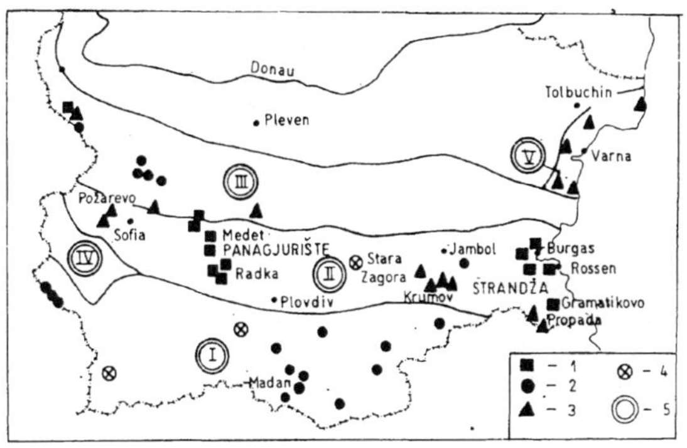

Abb. 2. Die wichtigsten metallogenetischen Zonen und Lagerstättentypen der VR Bulgarien (nach MILES u. BOGDANOV, aus DRAGOV u. KOLKOVSKI 1974)
1 – Kupferlagerstätten, 2 – Polymetallische Lagerstätten, 3 – Fe- und Mn-Lagerstätten, 4 – F—Ba-Lagerstätten
5 – Metallogenetische Zonen: (I) – Rhodopen, (II) – Sredna-Gora, (III) – Balkan, (IV) – Kraištides-Zone, (V) – Varna-Zone

Bezüglich der tektonischen Struktur und der Bindung der Vererzung an den Magmatismus lassen sich folgende Cu-Lagerstättentypen unterscheiden (Tab.):

A) Bildungen im Eugeosynklinalstadium (Frühstadium)
— vulkanogen-sedimentäre Pyrit-Chalkopyrit-Lagerstätten in Verknüpfung mit der Spilit-Diabasformation (z. T. als Pillowlaven; = Typ Cypern): Gramatikovo/Strandža-Distrikt;

— vulkanogen-sedimentäre Pyrit-Chalkopyrit-(Polymetall)-Lagerstätten in Verknüpfung mit der Keratophyr- und Andesit-Porphyritformation (= Typ Rio Tinto sowie Kuroko/Japan): Radka/Sredna Gora;

— subvulkanische submarin-hydrothermale Chalkopyrit-Polymetall-Baryt-Lagerstätten, eventuell verknüpft mit einer Diabas-Andesit-Formation (= Typ Rammelsberg-Meggen): Ergani Maden/Ostanatolien.

Tabelle. Die postmagmatischen Kupferlagerstättentypen (unter besonderer Berücksichtigung der Sredna-Gora-Zone)

Geotektonisches Stadium	Magmatische Formation	Lagerstättenformation	Lagerstättentyp
Geosynklinalstadium (Frühstadium)	Diabas-Spilit-Formation (frühes Eugeosynklinalstadium)	Fe(—Mn), Cu	vulkanogen-sedimentär (Typ Cypern): Gramatikovo
	Keratophyr-Formation Andesit-Porphyrit-Formation (Inselbögen)	Fe, Cu (Polymetalle)	vulkanogen-sedimentär (Typ Rio Tinto, Kuroko): Radka
	Diabas-Andesit-Formation (Randmeerbereich)	Fe, Cu, Zn—Pb—Ag, Ba	subvulkanisch (Typ Rammelsberg-Meggen): Ergani Maden
(Orogen-) Subsequenzstadium (Spätstadium)	Granodioritformation (Banatite) Monzosyenit-Granitformation	Fe, Cu—Mo (Zn, Pb)	„porphyries" (Typ Bingham, Kounrad): Medet, Assarel
	Andesit-Dazit-Formation (Andesit-Basalt-Formation)	Cu—Mo, Zn—Pb, Au—Ag	„Kleinintrusionen" mit — Skarn-Typ: Propada — Gangtyp: Rossen

Alle diese Lagerstättentypen entstanden während des Frühstadiums der Geosynklinalentwicklung im Gefolge des effusiven Initialmagmatismus, wobei die beiden letzteren vulkanogenen Formationen besonders unter Kontinentalrandbedingungen bzw. unter Inselbogenverhältnissen auftreten. Damit ist auch die Prognose von Lagerstätten dieses Typs determiniert, die auf den lagerstättenkontrollierenden Faktoren basiert. Zu solchen Faktoren gehören z. B. das Auftreten der Vererzung in einem bestimmten stratigraphischen Horizont längs intrageosynklinaler Erhebungen, insbesondere in deren Übergangsbereichen zu benachbarten Senken.

B) Bildungen im Spätorogen- bzw. Subsequenzstadium (Spätstadium)

— Imprägnationslagerstätten vom „porphyry"-Typ mit Pyrit-Chalkopyrit-Molybdänit, gebunden an granodioritisch-monzonitische Intrusiva (Banatite) (= Typ Bingham, Kounrad): Medet, Assarel, Majdanpek u. a.;

— metasomatische Skarnlagerstätten mit Magnetit sowie Chalkopyrit, Pyrit und Molybdänit (Strandža-Distrikt: Propada, Malko Turnovo)

— Ganglagerstätten mit Chalkopyrit-Molybdänit-Magnetit sowie Poly- und Edelmetallen (Burgas-Distrikt: Rossen) gebunden an sog. „Kleinintrusionen" der Andesit-Dazitformation.

Diese Lagerstättentypen sind besonders an die Antiklinalbereiche sowie an die Randbereiche der Zwischenmassive gebunden. Eine besonders wichtige Rolle bei der räumlichen Verteilung spielen die bereits im Geosynklinalstadium wirksamen Längsstörungen (magmatitkontrollierend), wobei die Vererzung selbst an diagonale Brüche, Kreuzungsbereiche, Kontaktzonen, Vulkanschlote, Eruptivbrekzien u. a. gebunden ist. Weitere lagerstättenkontrollierende Faktoren sind die physikalischen und chemischen Eigenschaften des Nebengesteins (Klüftigkeit, Porosität, femischer Mineralreichtum usw.). Die porphyry-Lagerstätten sind häufig mit sogenannten „Sekundärquarzit"-Bildungen verknüpft (z. T. auch mit Serizitisierungen, Turmalinisierungen u. a.).

Während die Lagerstättengruppe des Geosynklinalstadiums die charakteristische Elementassoziation Fe(—Mn)—Cu aufweist, sind für die Lagerstättengruppe des Spätorogen-Subsequenzstadiums die Elementkombinationen Fe—Cu—Mo, Cu—Mo, Zn—Pb, Au—Ag anzuführen.

Die bekanntesten Beispiele von Cu-Lagerstätten des vulkanogen-sedimentären Typs und des porphyry-Typs in der Sredna-Gora-Zone sind die ökonomisch bedeutendsten bulgarischen Cu-Vorkommen von Radka und Medet im Panagjurište-Distrikt.

Vulkanogen-sedimentäre Cu-Lagerstätte Radka

Die Lagerstätte liegt innerhalb der Synklinalzone südlich von Panagjurište und ist eine der größten Vorkommen dieses Distrikts. Geotektonisch baut sich der Lagerstättendistrikt auf aus einem kristallinen Grundgebirgskomplex (präkambrisch bis paläozoisch), dem senonen Vulkanit-Sedimentkomplex (mit den Lagerstättenbildungen) und einem postsenonen bis paläogenen Sedimentkomplex (Molasseformation). Im Rahmen der magmatischen Aktivität des Senons lassen sich fünf vulkanische bis subvulkanische Gesteinskomplexe unterscheiden: Andesite (mit anschließender Mn-Mineralisation), Dazite (mit Pyritmineralisation), Rhyodazite (mit Cu-polymetallischer Mineralisation) sowie subintrusive Diorit-Porphyrite und Trachy-Andesite.

Im Bereich der Grube Radka liegen die linsenförmigen Erzkörper innerhalb einer agglomeratischen, dazitisch bis rhyodazitischen Tuffserie. Die Streichrichtung der stratiformen Bildungen ist NW—SE. Die Erzgefüge sind z. T. massiv als auch imprägnativ ausgebildet.

Die Mineralisation tritt in zwei Stadien auf:

I. Quarz, Pyrit (in feinkörnigen bis gelförmigen Texturen) mit Serizit, Kassiterit (!), Rutil, Titanomagnetit und gediegen Gold;

II. Chalkopyrit, Pyrit, Quarz, Tennantit-Enargit-Bornit mit polymetallischer Abfolge (Sphalerit, Galenit u. a.), Anhydrit, Gips.

Von den verschiedenen Paragenesen ist innerhalb der Grube Radka die Tennantit-Bornit- und die Quarz-Pyrit-Paragenese am weitesten verbreitet. In der räumlichen Verteilung der Mineralparagenesen zeigt sich ein gesetzmäßiger konzentrisch-zonaler Aufbau (von innen nach außen): Quarz-Pyrit, Chalkopyrit-

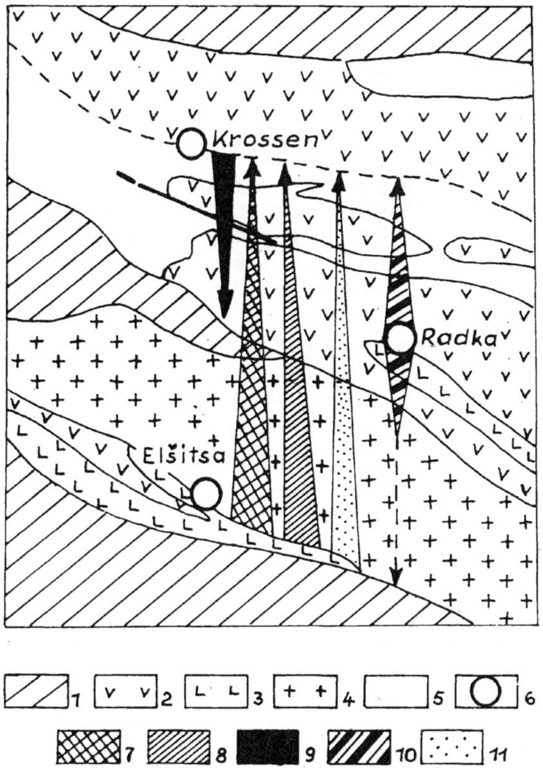

Abb. 3. Zonale Verteilung der Mineralparagenesen im Panagjurište-Distrikt (nach BOGDANOV u. BOGDANOVA, aus DRAGOV u. KOLKOVSKI 1974)

1 — Kristallines Grundgebirge, 2 — Andesite, 3 — Dazite, 4 — Elšica-Granit, 5 — Senonische Sedimente, 6 — Kupferlagerstätten
7···11 — Verteilung der Mineralparagenesen: 7 — Pyrit-Quarz, 8 — Chalkopyrit-Pyrit, 9 — Enargit-Pyrit, 10 — Tennantit-Bornit, 11 — Quarz-Pyrit-Paragenese

Pyrit, Enargit-Bornit-Tennantit, polymetallische Zone, Anhydrit-Gips.

Gefügemäßig lassen sich sowohl schichtig-lagenförmige Texturen (Bändererze) als auch Imprägnations-, reliktisch-porphyrische und massive Texturen sowie metasomatische Verdrängungsstrukturen beobachten. Letztere sind mit einer starken hydrothermalen Überprägung des Nebengesteins verbunden.

Genetisch werden sowohl die vulkanisch-sedimentäre als auch eine primär-metasomatische Bildung (im Zusammenhang mit den jüngeren Granitintrusionen) diskutiert. Die neuesten Untersuchungsergebnisse machen die exhalativ-hydrothermale Entstehung im Rahmen des senonen Vulkanismus sehr wahrscheinlich.

Innerhalb des Gesamtdistrikts von Panagjurište läßt sich zusammen mit den zu Radka genetisch analogen Lagerstätten von Elšica und Krassen ein deutliches minerogenetisches Zoning nachweisen (Abb. 3). Danach zeigt sich, daß die im S- und N-Teil der Synklinalzone (= unterer Formationsbereich) liegenden Lagerstätten von Elšica und Krassen bevorzugt die älteren Mineralparagenesen führen (Pyrit-Quarz-, Chalkopyrit-Pyrit- und Enargit-Pyrit-Paragenese), während innerhalb der im Zentralteil (= oberer Formationsbereich) liegenden Lagerstätte von Radka vorwiegend die jüngeren Mineralparagenesen auftreten (Tennantit-Bornit- und polymetallische Paragenese).

Imprägnationslagerstätte Medet

Der Pluton von Medet, an den der größte Teil der Cu—Mo-Vererzung gebunden ist, intrudierte in den kristallinen Gesteinskomplex der Sredna-Gora-Antiklinale. Sein unmittelbares Nebengestein ist der paläozoische Sredna-Gora-Granit. Der Medet-Pluton zeigt eine polyfazielle Zusammensetzung, die strukturell kontrolliert wird (drei Varietäten: Quarzgabbrodiorit = W—E, Quarzmonzodiorit = NW, Granodiorit = NE). Die NE streichende Medet-Störung, an die die jüngste Granodioritvarietät gebunden ist, scheint auch die Ausbildung des Erzkörpers zu beeinflussen. Auch die jüngeren Gesteinsgänge (Quarzmonzonite, Aplite u. a.) streichen bevorzugt in gleicher Richtung. Die Medet-Intrusion wird somit durch den Kreuzungsbereich von drei markanten Störungszonen kontrolliert (Abb. 4).

Der Lagerstättenkörper selbst hat eine säulenförmige Gestalt und zeigt einen zonalen Aufbau (Zentralteil: Pyrit : Chalkopyrit = 1 : 1, Chalkopyrit : Mo = 30 : 1; Randbereiche: Pyrit : Chalkopyrit = 1 : 4, Chalkopyrit: Mo = 60 : 1).

Die Lagerstättenstruktur wird bestimmt einmal durch die Kontaktzonen des Medet-Plutons und zum anderen durch die Gesteinsgänge (in deren Kontaktbereichen sind die höchsten Cu-Gehalte) sowie durch das Kluftgefüge des Plutons. Die Strukturelemente der Lagerstätte lassen sich drei Streichrichtungen zuordnen (NW 295—315°, W—E 80—100° und NE 30—50°).

Die Erzmineralisation, die strukturell und genetisch an den Medet-Pluton (bevorzugt an den Quarzmonzodiorit) gebunden ist, wird in vier Mineralisationsstadien untergliedert:

I. Kalifeldspat, Biotit, Aktinolith (bevorzugt metasomatisch);

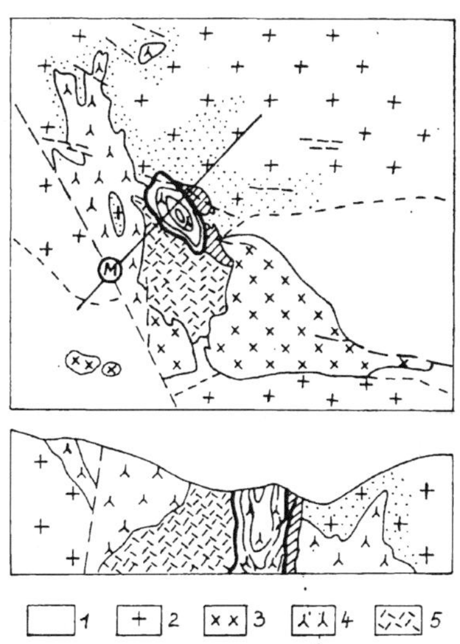

Abb. 4. Geologische Situation der Imprägnationslagerstätte Medet (nach ANGELKOV, aus DRAGOV u. KOLKOVSKI 1974)

1 — Kristalline Schiefer, 2 — Sredna-Gora-Granit, 3 — Quarzgabbrodiorit, 4 — Quarzmonzonit, 5 — Granodiorit, 6 — Granodioritporphyr, 7 — Kontaktmetasomatischer Einflußbereich, 8 — Lagerstättenkörper von Medet (mit Isolinien der Cu-Gehalte), 9 — Störungen, 10 — Medet-Störung

II. Quarz, Serizit, Hämatit, Magnetit, Molybdänit, Pyrit, Chalkopyrit, Sphalerit, Galenit (bevorzugt auf Klüften);

III. Quarz, Molybdänit, Zeolith, Karbonate (bevorzugt auf Trümchen und in Drusen);

IV. Quarz, Pyrit, Chalkopyrit (auf Trümern und kleinen Gängen).

Eine umfangreiche Oxydationszone ist nicht entwickelt. An wichtigen Spurenelementen sind zu nennen Au und Co (vorwiegend an Pyrit gebunden), Re (im Molybdänit) sowie Ag und Se.

Der bergmännische Aufschluß der Lagerstätte erfolgte in den Jahren 1955—1961. Die Gewinnung wird im Tagebau durchgeführt (z. Zt. 60 m tief). Aufbereitungstechnisch (Flotation) werden ein Pyrit-, ein Chalkopyrit- und ein Molybdänitkonzentrat gewonnen.

3. Die Stellung der Sredna-Gora-Zone innerhalb des ostmediterranen Cu—Mo-Gürtels

Bereits PETRASCHECK (1942, 1955) verband die Sredna-Gora-Zone mit den Cu-Lagerstätten des Banats und der ostpontischen Provinz Kleinasiens zu einer einheitlichen alpidischen Metallprovinz. Neuere Arbeiten von CISSARZ (1967), KOSTOV (1965), POLLAK (1966), SUPERCEANU (1969, 1971), JOVČEV u. a. (1974) brachten weitere wertvolle Untersuchungsergebnisse über diese große Cu-Provinz, die sich als ein ca. 5000 km langer Lagerstättengürtel von den Karpaten bis zur NW-Grenze Indiens erstreckt (Abb. 5). Dieser Lagerstättengürtel liegt nördlich der ostmediterranen Scheitellinie (Geosutur), an der Nord- und Südstamm des mediterranen Orogens aneinandergrenzen. Im Bereich dieser tiefgreifenden Störungszone sind die tief- bis subkrustalen, minerogenetisch spezialisierten (Fe—Mn, Cu—Mo, Polymetalle) Magmatite und Vulkanite emporgestiegen. Die meisten Cu—Mo-Lagerstätten liegen dabei unmittelbar am N-Scheitel des mediterranen Orogens (PETRASCHECK 1953, SUPERCEANU 1969) und werden von großen Randstörungen und Überschiebungen kontrolliert. Der gesamte ostmediterrane Cu-Erzgürtel läßt sich in mehrere Teilprovinzen untergliedern:

- Banatprovinz mit zahlreichen bekannten Cu—Mo (-Polymetall)-Lagerstätten, die in den westlichen Randzonen der Südkarpaten und des Apuseni-Gebirges längs zweier N—S streichenden Strukturzonen über 300 km zu verfolgen sind (Bihor-Distrikt, Drocea-Erzgebirge, Poiana Ruscăi, Banat).
- Ostserbische Cu-Provinz mit den bedeutenden Cu-Lagerstätten von Majdanpek und Bor-Timok sowie den Mo-Lagerstätten des Macatica-Distrikts (eines der wichtigsten Mo-Vorkommen Europas!).
- Sredna-Gora-Zone Bulgariens (mit Radka, Medet, Rossen u. a.).
- Vardar-Chalkidike-Zone mit mehreren wichtigen „porphyry-copper"-Lagerstätten (z. B. bei Skouries) bildet einen südlichen Teilzweig des ostmediterranen Cu—Mo-Erzgürtels.
- Ostpontische Provinz umfaßt die S-Küste des Schwarzen Meeres und stellt die östliche Fortsetzung der Sredna-Gora-Zone dar (Murgul, Lahanos, Samsun-Trapezunt).
- Kleinkaukasische Provinz bildet die weitere südöstliche Fortsetzung und umfaßt die Cu-Distrikte der Armenischen und Georgischen SSR. Nach MAGAKJAN (1959) lassen sich hier zwei metallogenetische Zonen unterscheiden: die Alaverdi-Kafan-Zone (Ahtala, Prisevan u. a.) und die Pambak-Sangesur-Zone (Ankawan, Agarak, Kadjaran u. a.).
- Iranidische Provinz erstreckt sich über 1500 km und führt zahlreiche wichtige Cu—Mo-Polymetall-Lagerstätten (Karadag-Aserbaidshan-Gebiet; Abbas Abbad/S-Kaspigebiet; Kurun, Moraspan/Zentraliraniden; Meshned/Ostiraniden). Obwohl diese Provinz noch relativ gering erforscht ist, sind die Cu-Lagerstätten vom

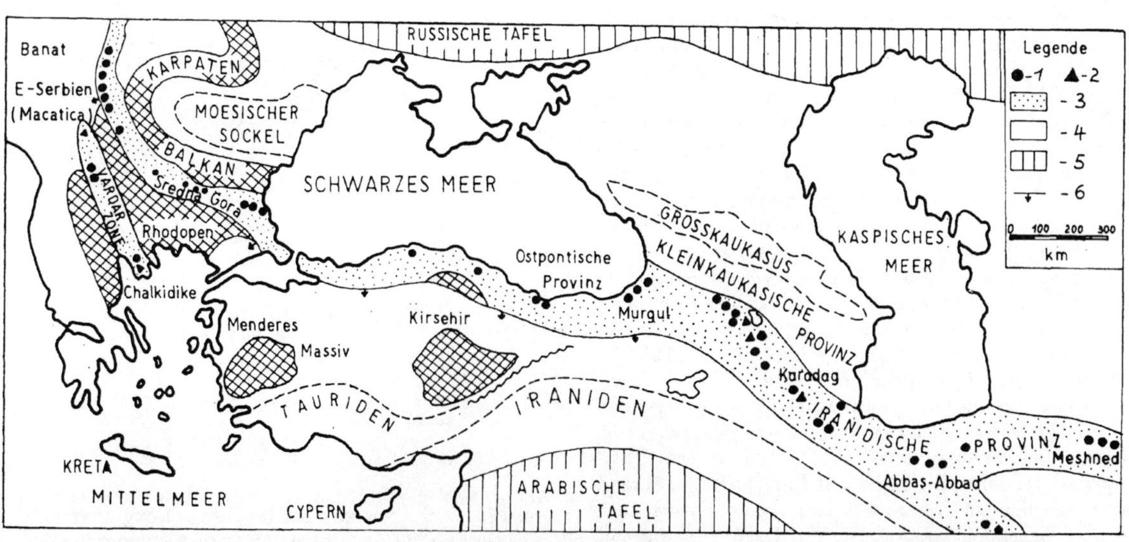

Abb. 5. Der alpidisch-ostmediterrane Cu—Mo-Erzgürtel (nach SUPERCEANU 1969)
1 – Kupferlagerstätten (z. T. polymetallisch), 2 – Molybdänlagerstätten (Typ Climax), 3 – Alpidisch-ostmediterraner Cu—Mo-Erzgürtel, 4 – Präkambrisch-paläozoisches Schiefergebirge, 5 – Präkambrische Tafelbereiche, 6 – Vergenzscheitel des mediterranen Orogens und Schubrichtung

„porphyry"- und Kontakttyp mit denen der Sredna-Gora-Zone zu vergleichen.

- Ostafghanistanische Provinz bildet den östlichsten Ausläufer des ostmediterranen Cu—Mo-Erzgürtels (Lagerstättengebiete von Ostafghanistan-Belutschistan: Karasang-Logard, Kohne-Humur, Medan östlich von Kabul u. a.).

Nach neueren Untersuchungen von KARAMATA (1974) sind die Lagerstättenbildungen des Cu—Mo-Erzgürtels alle an einen kretazisch-tertiären, kalkalkalischen bis zunehmend K-betonten, hybriden Magmatismus gebunden. Nach S schließt sich an diese Cu-Zone die bevorzugt Pb—Zn(—Sb—Ag)-führende tertiäre metallogenetische Gürtelzone der Dinariden-Helleniden-Rhodopen-Anatoliden an, für die ein K-betonter sialischer Krustenmagmatismus charakteristisch ist und zu der zahlreiche bedeutende Pb—Zn-Lagerstätten gehören (Srebrenica, Trepča, Laurion, Madan, Balya Maden, Bolkadag u. a.). Während das Cu vorwiegend nur in den Gebieten angereichert ist, in denen subkrustale Magmen bzw. kontaminierte und hybridisierte Magmen in die obere Kruste eindringen konnten (Eugeosynklinalbereich), sind Pb und Zn Elemente der Übergangs- bzw. kontinentalen Randbereiche, die dann im Rahmen der geologisch-magmatischen Entwicklung dieser Gebiete (palingene Magmenbildung, Remobilisierung usw.) umgelagert und lokal konzentriert wurden. Diese Elemente sind gegenüber dem Cu bevorzugt an sialische Magmen gebunden.

Die Anordnung und der Verlauf dieser beiden großen metallogenetischen Gürtelzonen sowie die sich daraus ergebende minerogenetische Zonalität unterstützen die neuerdings von DIXON und PEREIRA (1974) im Rahmen der modernen Plattentektonik postulierte Subduktionszone im mediterranen Raum.

Zusammenfassende Bemerkungen

Die Sredna-Gora-Zone, die auf Grund ihrer geotektonischen Situation eine gewisse spezifische Geosynklinalentwicklung erkennen läßt, gehört zu den wichtigsten minerogenetischen Zonen der VR Bulgarien. Sie ist gekennzeichnet durch große WNW—ESE verlaufende Längsstörungen, die seit der Oberkreide magmatitkontrollierende Funktionen ausüben. Während an den initialen Andesit-Dazitmagmatismus der Geosynklinalzone (Oberkreide) vulkanogen-sedimentäre Lagerstätten mit vorwiegend Fe, Mn und Cu gebunden sind, treten mit dem subsequenten Granodiorit-Monzonit-Magmatismus der Antiklinalzonen (Tertiär) intrakrustale Lagerstätten mit Fe—Cu—Mo, Cu—Mo, Zn—Pb und Au—Ag auf.

Von den verschiedenen Lagerstättentypen sind die Kupferlagerstätten am verbreitetsten und ökonomisch bedeutendsten. Dabei lassen sich hinsichtlich ihrer tektonischen Stellung und magmatischen Bindung Lagerstättenbildungen des alpidischen Eugeosynklinalstadiums (vulkanogen-sedimentär und subvulkanisch) sowie des Spätorogen- bzw. Subsequenzstadiums unterscheiden (Imprägnationen vom „porphyry"-Typ, metasomatische Skarnbildungen, Gänge).

Innerhalb der Sredna-Gora-Zone liegen die bedeutendsten bulgarischen Cu-Vorkommen Radka (vulkanogen-sedimentärer Typ) und Medet („porphyry"-Typ). Die geologische und lagerstättengenetische Situation beider Lagerstättentypen wird näher beschrieben.

Die Sredna-Gora-Zone ist ein Teilbereich des ostmediterranen Cu—Mo-Erzgürtels, der sich von den Karpaten bis an die NW-Grenze Indiens erstreckt und seinerseits eine der bedeutendsten Cu-Provinzen im Weltmaßstab darstellt.

Zusammenfassung

Es werden neuere Ergebnisse lagerstättengeologischer und minerogenetischer Untersuchungen der Kupferlagerstätten der Sredna-Gora-Zone in der VR Bulgarien und deren Stellung im alpidisch-ostmediterranen Kupfererzgürtel insgesamt dargelegt. Dabei werden die in der Sredna-Gora auftretenden Lagerstättentypen und einige der wichtigsten Lagerstätten kurz beschrieben.

Резюме

Разлагается в целом новые данные геологических и минерогенетических исследований зоны Средна-Гора в НР Бульгарии и их положение в альпийско-восточно-средиеземном поясе меди. При этом кратко описывается типы месторождений и некоторые важнейших месторождений, встречаемые в Средна-Горе.

Summary

A description is given of more recent results of the geology of mineral deposits and minerogenetic investigations of copper deposits of the Sredna-Gora zone in the People's Republic of Bulgaria. Their position within the Alpidic-East Mediterranean copper-ore belt is also discussed, with a brief outline of the types of deposits and some of the most important of them found in the Sredna Gora.

Literatur

CISSARZ, A.: Eine neue Lagerstättensystematik auf geotektonischer Grundlage und ihre Anwendung auf jugoslawische Lagerstätten. — Zb. Rud. Geol. Fak. Sw. 9—10, 18—34, Belgrad 1967.

DIXON, C. J., & J. PEREIRA: Plate tectonics and mineralization in the Tethyan Region. — Mineral. Deposita 9, 185—198, Berlin 1974.

DRAGOV, P., & B. KOLKOVSKI: Twelve ore deposits of Bulgaria. — Exkursionsführer zu Internat. Association on the Genesis of Ore Deposits, IV. Symposium, Varna '74, Sofia 1974.

JOVČEV, J., C. DIMITROV, B. BOGDANOV u. a.: Genetic types of the deposits in Bulgaria. — Veröffentl. der Internat. Assoc. on the Genesis of Ore Deposits, IV. Symposium, Varna '74, Sofia 1974.

KARAMATA, S.: Beziehungen zwischen den metallogenetischen, petrographischen und geochemischen Provinzen der Balkanhalbinsel und Kleinasiens. — In: Metallogenetische und geochemische Provinzen, Symp. Leoben, Nov. 1972. Schriftenreihe Erdwiss. Komm. Österr. Akad. Wiss., Bd. 1, 106—119, Wien 1974.

KOSTOV, I.: Zoning in the mineralizations of the Balkans. — Trav. sur la Géol. de Bulgarie, Vol. V, 21—45, Sofia 1965.

MAGAKJAN, I. G.: Grundlagen der Metallogenie der Kontinente. — Verl. Akad. Wiss. d. Armen. SSR, Jerevan 1959 (russ.).

PETRASCHECK, W. E. jr.: Gebirgsausbildung, Vulkanismus und Metallogenese in den Balkaniden und Südkarpaten. — Fortschr. d. Geol. u. Pal., XIX, H. 47, Berlin 1942.

PETRASCHECK, W. E. jr.: Magmatismus und Metallogenese in Südosteuropa. — Geol. Rdsch., **42**, 1, 127—143, Stuttgart 1953.

— Beziehungen zwischen der anatolyschen und der südosteuropäischen Metallprovinz. — Bl. M. T. A., Vol. 46/47, Ankara 1955.

POLLAK, A.: Kupfererzlagerstätten in der Türkei. — Schr. GDMB, 18, 89—97, Clausthal-Zellerfeld 1966.

SUPERCEANU, C. I.: Die Kupfererzlagerstätte von Sasca-Montana im SW-Banat und ihre Stellung in dem alpidisch-ostmittelmeerischen Kupfer-Molybdän-Erzgürtel. — Geol. Rdsch., 58, 3, 798—861, Stuttgart 1969.

— The Eastern Mediterranean-Iranian Alpine Copper-Molybdenum Belt. — Soc. Mining Geol. Japan, Spec. Issue 3, 393—398 (Proc. IMA-IAGOD Meetings '70, IAGOD Vol.), Tokyo 1971.

WOLF, D., L. BAUMANN, G. TISCHENDORF, G. HÖSEL & G. KNITZSCHKE: Informationsbericht über das IV. Symposium der „International Association on the Genesis of Ore Deposits" (IAGOD) 1974 in Varna/VR Bulgarien. — Freib. Forsch.-H., Topical Report, Vol. VI (1976).

Zeitschrift für angewandte Geologie, Bd. 22 (1976), Heft 6

Das Karpinski-Lineament und der mit ihm verbundene minerogenetische Gürtel

PANOW, B. S., UdSSR

Das Donezbecken ist eine selbständige geologische Einheit innerhalb der Russischen Tafel. Es liegt zwischen den Priasow- und Woronesh-Kristallinmassiven. Diese geologische Position hat schon seit langer Zeit die Aufmerksamkeit der Geologen erweckt. Die Bearbeiter äußerten verschiedene Ansichten über die Entwicklung dieser Region (NALIWKIN 1962). Das Donezbecken besitzt sowohl Merkmale von Geosynklinal- als auch von Plattformbereichen. Es unterscheidet sich aber von ihnen durch eine Reihe geologisch-geophysikalischer Besonderheiten, die auf seine Zugehörigkeit zu autonom tektono-magmatischen Aktivierungsbereichen hinweisen (PANOW 1973). Solche Bereiche sind perspektiv interessant für Lagerstätten unterschiedlicher Bodenschätze (SCHTSCHEGLOW 1968).

Eingang des Manuskripts in der Redaktion: 2. 12. 1974.

Im Donezbecken und in den anliegenden Bereichen der präkambrischen kristallinen Massive von Priasow und Woronesh wurden in letzter Zeit zahlreiche Vorkommen von Quecksilber-Antimon-Fluorit- sowie Blei-Zink- und Goldmineralisationen entdeckt (Abb. 1). Unter Berücksichtigung der schon seit langem bekannten Quecksilber-Antimon- und Gold-Blei-Zink-Lagerstätten Nikitowka bzw. in der Gebirgskette Nagolny-Krjash ist die Feststellung berechtigt, daß günstige Perspektiven für das gesamte Erzrevier zu verzeichnen sind und daraus notwendige Sucharbeiten abgeleitet werden können. Für eine solche Beurteilung ist es wichtig, die minerogenetischen Verhältnisse in geologisch ähnlichen Gebieten zu studieren und aus Vergleichen zur Situation im Donezbecken und in den anliegenden Gebieten bestimmte Schlußfolgerungen abzuleiten.

Unter solchem Aspekt interessiert ein minerogenetischer Vergleich zwischen dem Donezbecken und dem

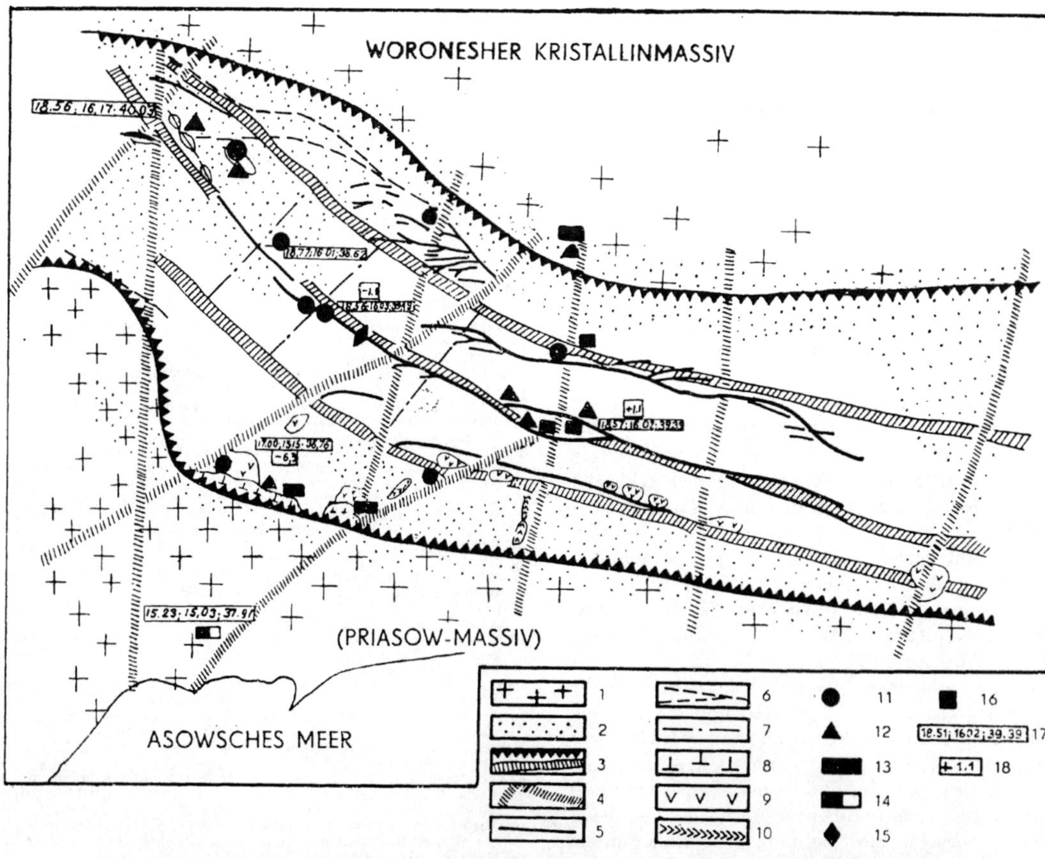

Abb. 1. Tektonisches Schema des Aktivierungsbereichs des Donezbeckens und seiner Umrahmung

1 – Präkambrische Bildungen; 2 – Meso-kanäozoische Sedimentgesteine; 3 – E–W-streichende Tiefenstörungen; 4 – Quer- und diagonale Tiefenstörungen; 5 – Antiklinalachsen in Karbongesteinen; 6 – Störungen; 7 – Achsen d. Queraufwölbungen; 8 – Magmatische Gesteine des I. Komplexes; 9 – Magmatische Gesteine des II. Komplexes; 10 – Magmatische Gesteine des III. Komplexes; 11 – Hg-Vorkommen; 12 – Polymetall-Vorkommen; 13 – Fluorit-Vorkommen; 14 – Karbonat-Fluorit-Vorkommen; 15 – Antimonit-Vorkommen; 16 – Au-Vorkommen; 17 – Pb-Isotopenzusammensetzung in Galeniten; 18 – S-Isotopenzusammensetzung aus Sulfiden

Gebiet des südlichen Tienschangebirges. Beide Reviere weisen ähnliche geologisch-tektonische und mineralogisch-geochemische Entwicklungen auf (CHAMRABAJEW u. a. 1971; PANOW 1973).

Zu den wichtigsten gemeinsamen Merkmalen der zu vergleichenden Reviere gehören:

1. eine weitgehende Verbreitung von mittel- bis oberpaläozoischen vulkanogen-sedimentären und sedimentären Formationen, die in spätvaristischen Orogenphasen entstanden und Strukturen mit WNW—ESE-Streichen bilden;

2. die varistisch und durch nachfolgende Aktivierungen gebildeten, vor allem alkaligabbroiden und basaltoiden Magmatite, die durch eine deutlich ausgeprägte Quecksilber-Fluor-Blei- und Seltene Metalle-Spezialisierung gekennzeichnet und für beide Reviere besonders typisch sind;

3. die in beiden Revieren vorhandenen Erscheinungen eines explosiven Vulkanismus mit kimberlitähnlichen Gesteinen sowie Durchschlagsröhren mit Brekzien von Monchiquit, Limburgit und Pikrit;

4. die in Zusammenhang mit Aktivierungen gebildeten Antimon-, Quecksilber-, Fluorit-, Blei-Zink-, Seltene Metalle und Goldformationsreihe;

5. die Verhältnisse im Tiefenbau, gekennzeichnet unter anderem durch beträchtliche Mächtigkeiten der Basaltschicht und durch einen großen Wärmefluß aus der Tiefe;

6. die Spannungsverhältnisse in der Erdkruste, die sich im Tienschangebirge in seismischen Aktivitäten und im Donezbecken unter anderem in plötzlichen, besonders auf tiefe Sohlenbereiche konzentrierten Gasausbrüchen aus Kohlen und anderen Gesteinen widerspiegeln.

Solche Änlichkeiten zwischen den beiden Revieren können nicht zufällig sein! Eine erste Erklärung ergibt sich aus der Zuordnung der beiden Reviere zu einem gemeinsamen Globalgürtel mit Dislokationen und globalen Kluftsystemen, die die alte Russische Tafel durchsetzen und auf dem Territorium der UdSSR von Bjelorußland bis nach Tadshikistan verfolgt werden können. In diesem Globalgürtel spielten Tiefenstörungen im Sinne von PEJWE die Hauptrolle bei der Anlage und Herausbildung von Faltenzonen, Magmatiten und Mineralisationen.

Bei der Analyse eines solchen Strukturplans mit globalen Dimensionen, der gleichartige tektonische Spannungen in gewaltigen Erdkrustenbereichen umfaßt, erscheint es zweckmäßig, für die entscheidenden Tiefenstörungen den Begriff „Lineament" im Sinne von CHAIN (1964) u. a. zu verwenden. Nach den gegenwärtigen Vorstellungen sind die an Lineamente gebundenen Zonen von Tiefenstörungen, die sich in Form von Störungen, Faltungen, vulkanischen bzw. magmatischen Aktivitäten und nicht zuletzt im Relief zu erkennen geben, nicht unbedingt in ununterbrochener Folge nachzuweisen. Sie können in Teilbereichen durch Querstörungen versetzt oder unter jüngeren Sedimenten verborgen sein.

Das trifft auch auf das zu untersuchende Lineament zu, dem solche Strukturen wie die Brestsenke, der Pripjatgraben, die Dnepr-Donezk-Senke, das Donezbecken, die verdeckte Karpinski-Gebirgskette, der Mangyschlakgraben, der Sultanuysdag, die Buchara-Chiwa-Dislokationszone und der Südtienschan zuzuordnen sind (Abb. 2).

Erste Vermutungen über eine Fortsetzung des Faltenbaus im Donezbecken über das Kaspische Meer hinweg und weiter über Mangyschlak und Ustjurt bis zum Sultanuysdag äußerte bereits zum Ende des vorigen Jahrhunderts KARPINSKI (1883). Nach seinen Vorstellungen sind hier verfaltete Komplexe, die geomorphologisch oftmals kaum in Erscheinung treten, durch Dislokationszonen von kristallinen Nachbarbereichen getrennt worden. Diese Meinung teilen auch STILLE, SUESS und andere Forscher (USPENSKAJA 1961; AISBERG u. a. 1971).

Die entwickelten Vorstellungen werden durch neueste geologische Angaben, Tiefbohrergebnisse sowie geo-

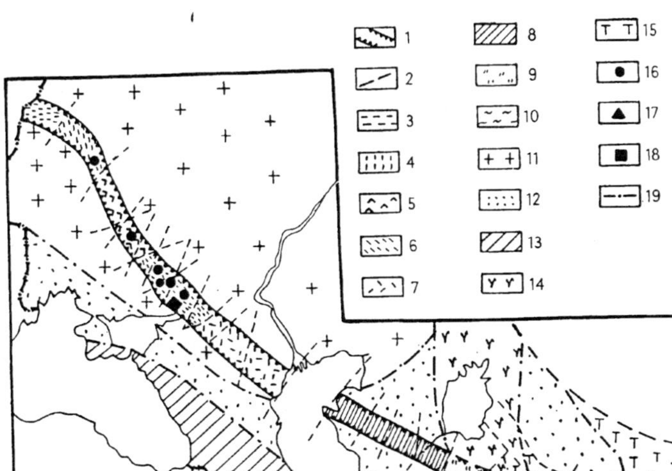

Abb. 2. Das Karpinski-Lineament

1 — Randtiefenstörungen; 2 — Quer- und Diagonalstörungen; 3 — Brestsenke; 4 — Pripjat-Graben; 5 — Dnepr-Donezk-Senke; 6 — Donezbecken; 7 — Begrabene Karpinski-Gebirgskette; 8 — Mangischlak-Senke; 9 — Sultanuysdag; 10 — Buchara-Chiwa-Zone (Tiefenstörungen) und Südtienschan; 11 — Russische Tafel; 12 — Skiph-Turan-Platte; 13 — Bereich der alpidischen Verfaltung; 14 — Uraliden; 15 — Tienschaniden; 16 — Hg-Vorkommen; 17 — Sb-Vorkommen; 18 — Ausbruch-Röhren; 19 — Geologische Grenzen

logisch-geophysikalische Untersuchungen unterstützt. Unter Berücksichtigung der von KARPINSKI erstmals geäußerten Gedanken soll die Strukturzone korrekterweise als Karpinski-Lineament bezeichnet werden. Zu diesem gehört ein latenter minerogenetischer Gürtel, für den die Bezeichnung Donbass-Tienschan-Gürtel vorgeschlagen wird.

Für alle Teilstrukturen des Karpinski-Lineaments sind erhöhte Mobilitäten sowie spezifische magmatische und minerogenetische Erscheinungen charakteristisch. Das ergibt sich aus dem folgenden kurzen Überblick.

Die Podljasko-Brest-Senke ist im NW und SE von Tiefenstörungen begrenzt; das kristalline Fundament sank um 1,5 bis 2,0 km ab. Auf ihm lagert eine terrigen-effusive Folge, die von bjelorussischen Geologen in das Ripheikum oder Wend gestellt wird. Darüber folgen Sedimentgesteine kambrischen, silurischen, permischen und meso- bis känozoischen Alters. Vor kurzem wurden in permischen Gesteinen der Brestsenke Kupfermineralisationen entdeckt. Im Bereich basischer Effusivgesteine sind Nickel-Kobalt-Kupfer-Lagerstätten zu vermuten; Voraussetzungen dazu existieren (KARETNIKOW & TOMASCHEWITSCH 1973).

Der Pripjatgraben wird durch Randstörungen von der Woronesh-Anteklise bzw. vom Ukrainischen Schild getrennt. Dieser Graben ist hauptsächlich mit sedimentär-vulkanogenen Bildungen des mittleren und oberen Devons angefüllt; daneben sind terrigene, kohleführende, karbonatische und halogene Formationen des Karbon vertreten. Im Hangenden dieser Schichtenfolgen finden sich permische sowie meso- bis känozoische Ablagerungen. Die Gesamtmächtigkeit dieser Gesteinsschichten beträgt 5 bis 6 km.

Auch in der Dnepr-Donezk-Senke ist es zur Ausbildung einer sehr ähnlichen Gesteinsfolge gekommen, allerdings befindet sich hier das kristalline Fundament in einer Tiefe von 10 bis 12 km. Unter den Effusivgesteinen sind wiederum alkaliultrabasische und alkalibasaltische dominierend. Gleiche Gesteinstypen sind für das Donezbecken sehr typisch. Die Minerogenie der beiden Teilbereiche ist bislang noch wenig bekannt; nachgewiesen wurden lediglich einige Titanomagnetit- und Kupfererzmineralisationen in Verbindung mit basischen Vulkaniten (USSENKO u. a. 1964). Im Pripjatgraben wurden vor kurzem kimberlitartige Bildungen gefunden, die als stark sekundär überprägte ultrabasische Gesteinsbrekzien sehr den analogen Bildungen im Donezbecken ähneln (LJASCHKEWISCH 1974).

Durch Bohrungen konnten schließlich im Kreuzungsbereich verschiedener Tiefenstörungen hydrothermale Blei-Zink-, Fluorit-, Quecksilber- und Goldmineralisationen nachgewiesen werden.

Im Bereich der Dnepr-Donezk-Senke verdient das Donezbecken besondere Beachtung. Es wird von dieser Senke durch eine wallartige Erhebung der Moho-Fläche abgetrennt, die geophysikalisch fixiert ist und in N—S-Erstreckung von Wolnowacha bis nach Charkow verfolgt werden kann. Eine Besonderheit des Tiefbaus des Donezbeckens besteht in erhöhten Mächtigkeiten der Basaltschicht (20 km) im Vergleich zur Granitschicht (15 km). Die Mächtigkeit der Beckenfüllungen erreicht zum Teil 20 km. Den Hauptanteil stellen Karbonsedimente (Abb. 3).

Die geologische Geschichte und vor allem das magmatische und minerogenetische Geschehen werden im Donezbecken durch die Entwicklung von Tiefenstörungen bestimmt. Zwischen solchen Tiefenstörungen beziehungsweise deren erster Aktivierung bei der Anlage des Donezbeckens und der Konsolidierung des Fundaments lag ein beträchtlicher Zeitraum vom Proterozoikum bis zum Devon. Die WNW—ESE-Randstörungen des Beckens sind Teile der globalen Tiefenstörungen von Pripjatsko-Manytsch bzw. Baranovitsch-Astrachan (GAWRISCH 1969). Sie begrenzen das Donezbecken im N gegenüber dem Woronesher Kristallinmassiv und im S gegenüber dem Priasowschen Massiv.

Zu den wichtigsten Merkmalen des Donezbeckens gehört die starke Verbreitung von tiefen Querstrukturen, zum Beispiel in Form der Wolnowach-Tschernuchin- oder der Elantschik-Rowenezk-Zone. Sie spielen eine wichtige Rolle bei der Erzverteilung besonders in Kreuzungsbereichen mit anders verlaufenden Tiefenstörungen.

Viele Anzeichen deuten darüber hinaus im Donezbecken auf seine Zuordnung zu sogenannten Aktivierungsbereichen hin. So lassen sich drei tektonomagmatische Aktivierungsfolgen unterscheiden. Im Verlauf der ersten, zwischen mittlerem und oberem Devon, entstanden die Randstörungen, die bis in Mantelbereiche und dort zur Auslösung des alkalibasaltischen und alkaliultrabasaltischen Magmatismus führten. Neben Pyroxeniten, Gabbros und anderen Gesteinstypen entstanden Nephelinsyenite. Die zweite Aktivierungsfolge an der Wende vom Perm zur Trias hatte entscheidende Bedeutung für die Entstehung des Faltenbaus; mit ihr war die Bildung von alkalibasaltischen und

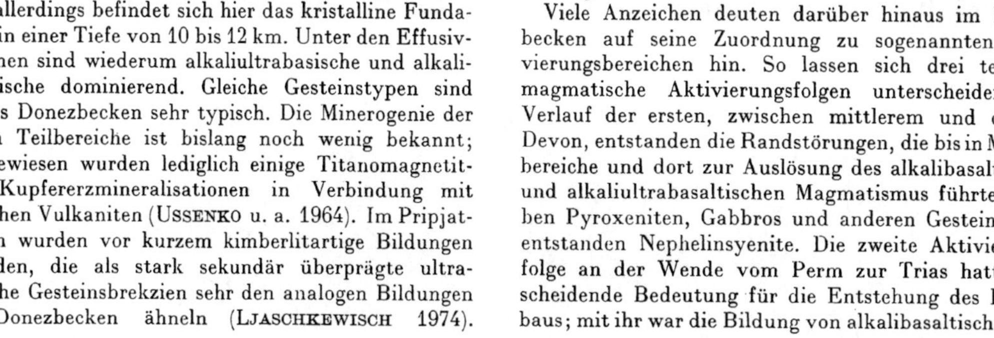

Abb. 3. Schema des Tiefenbaus des Donezbeckens nach geophysikalischen Angaben. (Der Querschnitt im Streichen)
1 — Sedimentschicht; 2 — Granitschicht; 3 — Basaltschicht; 4 — Tiefenbruchzonen; 5 — Magmatismus

andesitischen bis trachyandesitischen Magmatiten verbunden. Die dritte Folge komplizierte zuvor ausgebildete Strukturen und erstreckte sich über einen Zeitraum vom Mesozoikum bis zum Känozoikum. Es bildete sich ein Ganggesteinsgürtel mit Monchiquiten, Camptoniten und anderen verwandten Gesteinstypen, deren Altersbestimmung Werte um 160 Mill. Jahre ergab, sowie eine Reihe junger Alkalibasalte mit Alterswerten zwischen 70 und 90 Mill. Jahren.

Im engem Zusammenhang mit den genannten tektono-magmatischen Aktivierungen, vor allem mit der 2. und 3. Folge, standen verschiedene Mineralisationen unter Herausbildung von Quecksilber-Antimon-, Fluorit-, Polymetall-, Gold-Sulfid-, Kupfer-, Titanomagnetit-, Quarz-Amethyst- und anderen Formationen. Vielfach sind sowohl horizontale als auch vertikale Zonalitäten zu erkennen; so folgen auf relativ niedrigthermale Mineralisationen mit Quecksilber und Antimon im NW höherthermale Bildungen mit Blei, Zink und Gold im SE in der Nagolnygebirgskette. Dort wurden ebenso wie in Nikitowka durch Tiefbohrungen vertikale Zonalitäten nachgewiesen, die sich in wachsender Arsenopyrit-, Pyrrhotin- und Goldführung sowie abnehmenden Germaniumgehalten in den Pyriten mit zunehmender Teufe äußerten. In größeren Teufen traten schließlich auch Nickelsulfide auf.

Geologisch-mineralogische und geochemische Daten, insbesondere Blei-Sauerstoff-Schwefel-Kohlenstoff-Isotopenzusammensetzungen verweisen auf eine polygene und polychrone Erz- bzw. Mineralbildung. Neben den hauptsächlich vertretenen juvenil-magmatogenen Bestandteilen sind an der Erzmineralisation verschiedene Krustenmaterialien bis hin zu Sedimentgesteinen beteiligt (PANOW u. a. 1974).

Die verdeckte Karpinski-Gebirgskette stellt die SE-Fortsetzung des Donezbeckens dar. Im Bereich des Lineaments entstanden paläozoische und mesozoische Sedimentfolgen bis zu einer Gesamtmächtigkeit von 10 km. In der Hauptsache kamen wieder wie im Donezbecken Karbonsedimente zum Absatz. In südöstlicher Richtung konnten die Strukturen bis unter das Kaspische Meer verfolgt werden; insbesondere waren die Achsen der wichtigsten Antiklinalen und Synklinalen nachzuweisen (SCHWEMBERGER 1965).

Die Faltenzone von Mangyschlak befindet sich in der weiteren Fortsetzung der Karpinski-Gebirgskette; sie verläuft in südöstlicher Richtung bis zum Unterlauf des Amu-Darja-Flusses. Der Mangyschlakgraben hat eine Breite von maximal 100 km und wurde wahrscheinlich im mittleren Devon vorgezeichnet und am Ende des Paläozoikums in seiner vollen Ausdehnung entwickelt. Über einer dislozierten varistischen Folge lagern hier die bunten Gesteine des Karataussk-Komplexes, denen basische Laven und Tuffe zwischengeschaltet sind (GAREZKIJ 1962). Diese bunte Folge entstand an der Wende zwischen Perm und Trias und wird von Sedimenten des Juras und Paläogens überlagert. Auch die jüngsten Sedimentgesteine wurden verfaltet.

Über die Minerogenie in den beiden zuletzt genannten Strukturen ist nur wenig bekannt. Einzelne Fundorte hydrothermaler Erze und Gangarten, wie zum Beispiel von Quarz und Pyrit, wurden aus dem Karbon- und Permmaterial der Karpinski-Gebirgskette gemeldet. Aus dem Mangyschlakgraben kennt man Vorkommen von Kupferschiefer und Kupfersandstein sowie Fundpunkte mit Chalkopyrit-, Quarz-, Amethyst- und Fluoritmineralisationen.

Die weitere Fortsetzung des Karpinski-Lineaments ist nach den geologischen und geophysikalischen Untersuchungsergebnissen in Ustjurt, in der Süd-Busatscha-Zone, in Sultanuysdag und in der Buchara-Chiwa-Zone zu finden, wo sie sich in Form von Störungen und Faltungen zu erkennen gibt. Die WNW-streichenden Tiefenstörungen des Lineaments — die Mangyschlak-Südtienschan-Störung im S und zahlreiche Störungen im N — führten zur Bildung einer ganzen Reihe von grabenartigen Teilsenken in der Turanplatte, denen der Südtienschan im SE anliegt. Bemerkenswert ist, daß sich die Karpinski-Lineamentstrukturen im Bereich von Sultanuysdag mit N—S-Strukturen des Urals verbinden. Diese exponierte Position des Sultanuysdag widerspiegelt sich in einer spezifischen Mineralisation, die als Misch- oder Übergangstyp zwischen Ural- und Tienschanmineralisationen bezeichnet werden kann (SCHULZ 1972).

Zur wichtigsten Tiefenstörung im Südtienschan gehört die Gissarstörung, die sich besonders aktiv im Karbon, im Perm und in der Trias bemerkbar machte. Im Zentralteil des Südtienschans besteht diese Störung aus einzelnen Zonen, von denen die südliche und die nördliche Randzone dadurch besondere Bedeutung erlangten, daß zwischen ihnen vulkanogen-terrigene Gesteine des mittleren und oberen Paläozoikums sowie die granitoiden Gesteine des Gissarplutons liegen. Nicht alle Bereiche der Störung wurden gleichermaßen intensiv untersucht, doch läßt sie sich auf eine Entfernung von rund 900 km verfolgen (RESWOIJ 1973).

Die Gissartiefenstörung grenzt nicht nur die älteren Tienschanstrukturen von den jüngeren, alpidischen Strukturen des Nordpamirs ab, sondern spielt auch eine wichtige erzkontrollierende Rolle. An sie sind der Serawschan-Gissari-Antimon-Quecksilber-Gürtel und ferner eine Reihe von Fluorit- und polymetallischen Lagerstätten gebunden. Hierher gehört auch der Südferghana-Antimon-Quecksilber-Gürtel, der sich südlich anschließt und zu dem solche Lagerstätten wie Chaidarkan, Kadamgjai und andere gehören.

Das Karpinski-Lineament läßt sich schließlich bis in das Gebiet der VR China verfolgen, wo es an der Grenze des Turanmassivs verläuft.

Von großem Interesse ist die Frage nach einer nordwestlichen Fortsetzung des Karpinski-Lineaments, das unter Umständen noch im Bereich der Russischen Tafel im Grenzgebiet zwischen der UdSSR und der VR Polen ausklingen kann. Auf Grund der neuen Untersuchungsergebnisse über den Tiefbau Zentraleuropas, die zusammenfassend von CHAIN & SLAWIN (1971) sowie von BUSCH u. a. (1973) mitgeteilt worden sind, kann vermutet werden, daß sich das Karpinski-Lineament im NW mit dem Polen-Dänemark-Aulakogen verbindet und wahrscheinlich über die Nordsee bis in die Gegend von Island verläuft. Dabei sind kulissenartige Versetzungen besonders im zentraleuropäischen Raum anzunehmen.

Angaben aus Bohrungen und geophysikalischen Untersuchungen im Norden der DDR weisen auf zwei parallele Tiefenstörungszonen hin. Die Zonen streichen

NW—SE (310 bis 320°). Sie trennen stufenweise eine mobile Zone von der Russischen Tafel. Diese Zone ist mit paläozoischen und meso- bis känozoischen Sedimenten großer Mächtigkeit angefüllt. In devonischen und oberpaläozoischen Gesteinen wurden neuerdings magmatische Komplexe, darunter Gänge und Sills von Tholeiitbasalten gefunden (KRAMER & MUCKE 1973, BENEK u. a. 1976, LÄCHELT 1974). Auffällig ist die Bindung dieser Basalte an die nördliche Tiefenstörung. Ähnliche Vorkommen von Tholeiitbasalten sind auch für den nördlichen Beckenrand des Donbass typisch. Es ist bemerkenswert, daß nach tiefengeophysikalischen Angaben dänischer Wissenschaftler in Dänemark die Basaltschicht der Erdkruste 20 km mächtig ist. Das ist wesentlich mehr, als für die Granitschicht angegeben wird (HIRSCHLEBER u. a. 1966). Diese relativ breite Mobilzone verläuft vom Nordteil der DDR über Südskandinavien und Dänemark bis in die Nordsee. In ihrer Fortsetzung befinden sich die norwegischen Erdgas- und Erdöllagerstätten.

Die Entstehung des Karpinski-Lineaments kann unter globaltektonischem Aspekt und unter Berücksichtigung der neuen Angaben zu den Riftzonen erklärt werden (Abb. 4). Solche Riftzonen sind sowohl in ozeanischen als auch in kontinentalen Bereichen entwickelt und stets durch relativ dünne Schichten der Erdkruste, beträchtliche Mächtigkeiten der Basaltschicht sowie Dichtereduzierungen des Oberen Mantels gekennzeichnet; letzteres zeigen regionale Bouguer-Anomalien an. Bei tiefenseismischen Sondierungen im Bereich des Karpinski-Lineaments fanden sich alle diese Kriterien für Riftzonen bestätigt. Die devonischen Basalte im Donezbecken, in der Dnepr-Donezk-Senke und im Pripjatgraben sind nach ihrer geologischen Position, nach ihrer chemischen und mineralogischen Zusammensetzung sowie nach ihrem Spurenelementgehalt zu den Basalten aus kontinentalen und ozeanischen Riftzonen zu stellen. Derartige Riftzonen wurden höchstwahrscheinlich auch in vergangenen geologischen Epochen gebildet und führten damals zu analogen Erscheinungen. Dazu gehörte zum Beispiel, daß entlang bestimmter Tiefenstörungen und mit deren Fortentwicklung mit Geschwindigkeiten um 15 cm pro Jahr sich ebenfalls die Zentren vulkanischer Aktivitäten und spezifischer Sedimentation verlagerten. Vergleicht man unter solchem Aspekt das relative Alter der Sedimente mit maximalen Mächtigkeiten im Westteil des Karpinski-Lineaments (besonders in dem Pripjatgraben und in der Dnepr-Donezk-Senke Devon, im Donez-Becken und in der Karpinski-Gebirgskette Karbon und in der Faltenzone von Mangyschlak Perm und Trias, Abb. 5), dann ist die Schlußfolgerung berechtigt, daß die Gesamtentwicklung dieser globalen Strukturzone im Nordwestteil begann und sich nach SE hin fortpflanzte. Die Geschwindigkeit solcher fortschreitenden Entwicklung kann mit 3 bis 5 cm pro Jahr angenommen werden, wobei im Laufe der Zeit eine Mobilitätssteigerung dieser alten Riftzone eingetreten sein muß. Daraus resultiert eine Tiefenlage des kristallinen Fundaments bis zu 5 km im Pripjatgraben, bis zu 10 km in der Dnepr-Donezk-Senke und bis zu 20 km im Donezbecken. Einzelne Teilbereiche des Lineaments entwickelten sich im tektonischen Sinne unterschiedlich; verschiedene Bearbeiter bezeichnen den Entwicklungs-

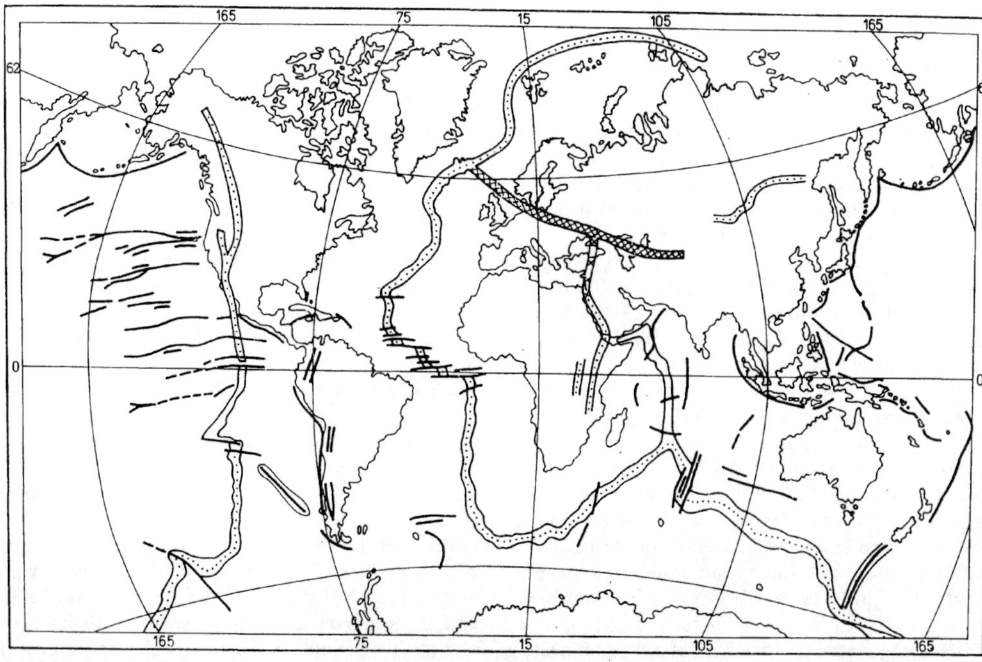

Abb. 4. Weltriftsystem (nach VENING-MEINESZ 1964) und Stellung des Karpinski-Lineaments)
1 — Weltriftzonen; 2 — Karpinski-Lineament; 3 — Lineament des 38° Meridians (nach KOWALEWSKIJ 1960)

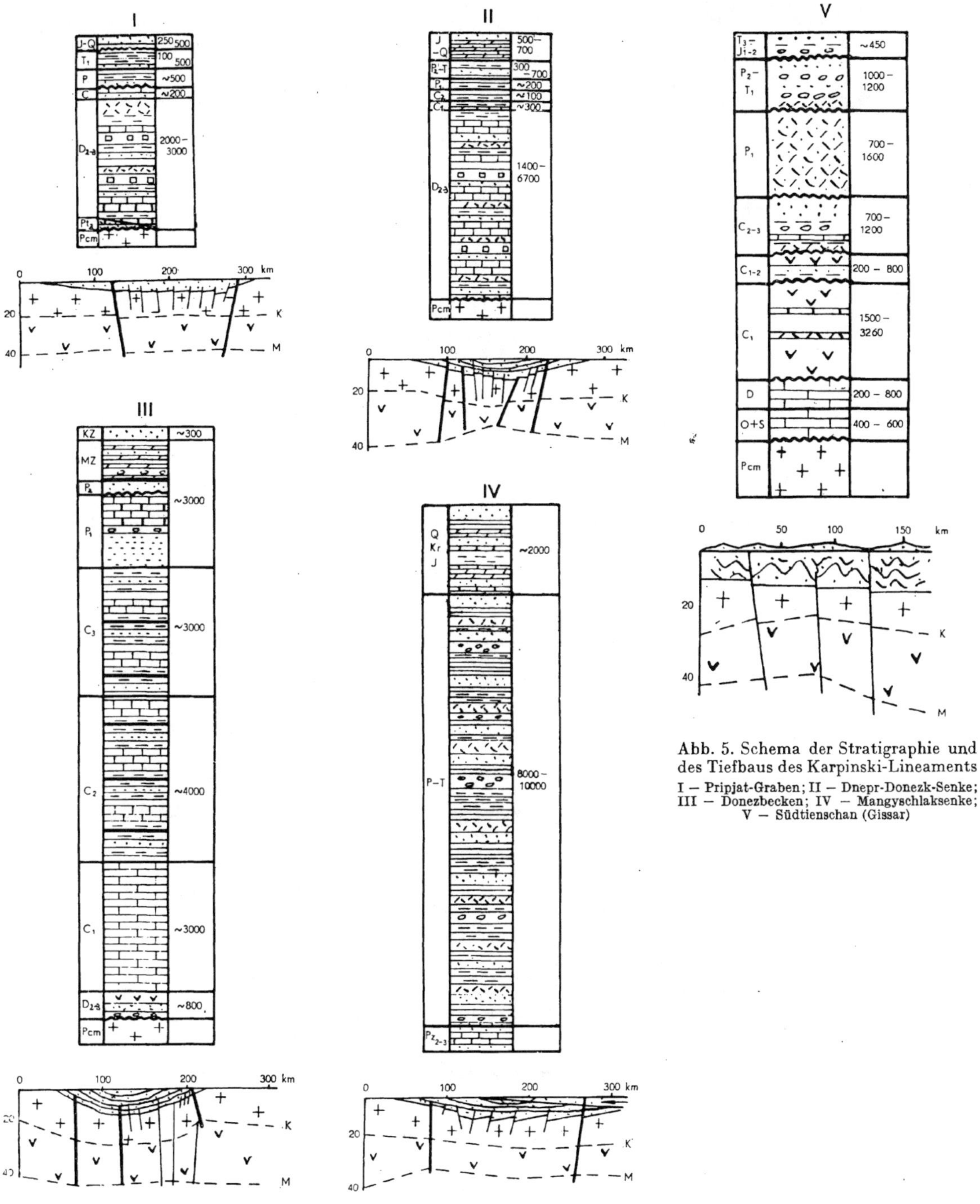

Abb. 5. Schema der Stratigraphie und des Tiefbaus des Karpinski-Lineaments
I – Pripjat-Graben; II – Dnepr-Donezk-Senke; III – Donezbecken; IV – Mangyschlaksenke; V – Südtienschan (Gissar)

typ im NW als Subtafel-, im Zentralteil als Subgeosynklinal- und im SE als Geosynklinaltyp.

Alle Beobachtungen verweisen auf eine autonome Entwicklung des Lineaments. Die hier skizzierten Vorstellungen stimmen mit der Meinung mancher Forscher nicht überein, wonach das Donezbecken als eine Abzweigung des mediterranen Gürtels betrachtet wird.

In rezenten Riftzonen wurde eine Zufuhr von wesentlichen erzbildenden Elementen aus dem Mantelbereich in obere Krustenteile festgestellt. Nach ozeanographischen Untersuchungsergebnissen stimmen Maximalgehalte an Quecksilber, Blei, Kupfer, Silber, Nickel, Kobalt und einigen anderen Elementen sehr deutlich mit Anreicherungen an entsprechendem Gesteinsmaterial überein (Abb. 6). Solche Erscheinungen mußten mit aller Wahrscheinlichkeit auch in alten Riftzonen ausgebildet worden sein. Bei allen Diskussionen über die Herkunft der erzbildenden Elemente im Donezbecken und in anderen Lineamentbereichen sollte das stets berücksichtigt werden.

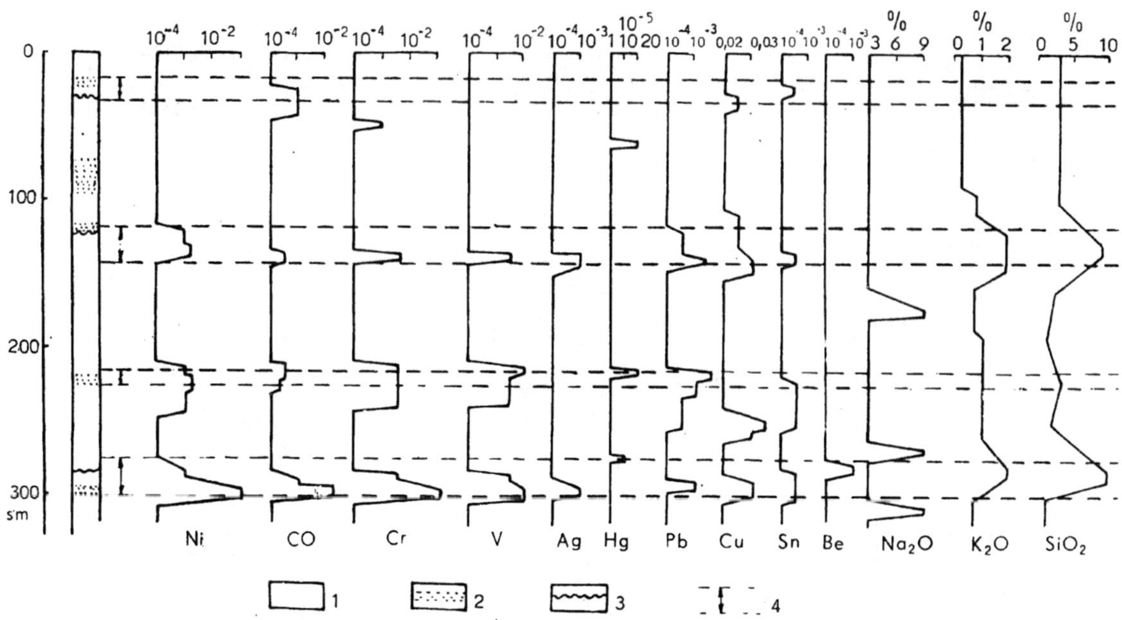

Abb. 6. Spurenelementverteilung in Kernen aus Sedimenten der Mittel-Atlantik-Rift (nach DMITRIEW & UDINZEW 1970)
1 — Tonschlamm; 2 — Aleuritzwischenlagen mit Pyroklasten; 3 — Auswaschungsflächen; 4 — Perioden der tektonischen Aktivierungen

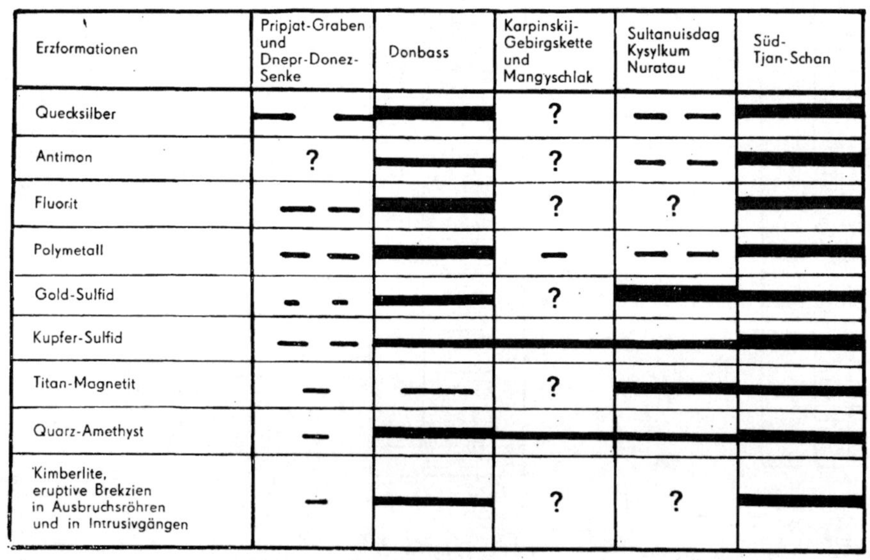

Abb. 7. Die Entwicklung der Haupterzformationen in verschiedenen Teilbereichen des Karpinski-Lineaments

Welche minerogenetischen Schlußfolgerungen leiten sich aus den zuvor gemachten Ausführungen über die Besonderheiten der geotektonischen Entwicklung von Lineamentstrukturen und der damit verknüpften vulkanogen-sedimentären und magmatogenen Formationen ab? Sie sollen kurz formuliert werden.

1. Für das Tienschan-Gebirge sind Antimon-Quecksilber-Gürtel sowie Erzreviere und -zonen mit Fluorit-Polymetall-Kupfer-Quarz-Gold-Sulfid- und Seltene Metall-Paragenesen charakteristisch; sie wurden von mittelasiatischen Geologen eingehend untersucht. Die analogen Mineralisationen im Donezbecken lassen vermuten, daß im Donbass und darüber hinaus weitere ähnliche Lagerstätten entdeckt werden können. Das betrifft vor allem auch Bereiche des Karpinski-Lineaments, in denen bislang noch keine Lagerstätten nachgewiesen werden konnten. Neue Fundorte von Quecksilber- und Antimonmineralen in Westusbekistan, von Quecksilbermineralen im Gebiet des Desna-Flusses, der Romenskij-Kuppel und andere bestätigen solche Möglichkeiten. Sie deuten auf jeden Fall darauf hin, daß aktivierte Tafelbereiche als erzhöffige Gebiete begründet und mit guter Perspektive in ein Erkundungsprogramm aufzunehmen sind. Besondere Aufmerksamkeit sollte dabei den bislang vernachlässigten Zwischenbereichen von Teilstrukturen gewidmet werden. Die Übertragung solcher Schlußfolgerungen auf andere Gebiete kann dort ebenfalls von Nutzen sein (Abb. 7).

2. In allen Lineamentzonen sind weitverbreitete Quer-

störungen im kristallinen Fundament, die sich auch in überlagernden Sedimentgesteinen widerspiegeln, sehr charakteristisch. Diese Querstörungen spielen zum Beispiel im Donezbecken eine wichtige erzkontrollierende Rolle. Die Bedeutung der Querstörungen ist in anderen Erzrevieren, zum Beispiel auch im Tienschangebirge, noch nicht genügend erforscht worden. Das zeigen besonderes einige neue Angaben über die Wirkung von Quer- und Diagonalstörungen auf die Erzverteilung, worauf schon SMIRNOW (1947) hinwies. Detaillierte Untersuchungen können die Vorstellungen und Erkenntnisse zur Minerogenie von bestimmten Gebieten sehr wesentlich verändern.

3. In letzter Zeit wurden postvaristische polymetallische Quecksilber-Antimon- und andere Lagerstätten im Tienschangebirge entdeckt. Diese Tatsache sowie der deutliche Nachweis von meso- bis känozoischen Aktivierungen im Donezbecken weisen auf die Notwendigkeit hin, auch jüngere Gesteine in ein Erkundungsprogramm einzubeziehen. Daneben erlaubt die im Donezbecken festgestellte bedeutende vertikale Ausdehung von Mineralisationen über 3 km Tiefe, auch für das Tienschangebirge solche Mächtigkeiten anzunehmen.

4. Sowohl im asiatischen als auch im europäischen Teil der Sowjetunion sind an das Karpinski-Lineament eine große Anzahl von Erdöl- und Erdgaslagerstätten gebunden (Bjelorußland, Ukraine, Mittelasien). Unter den angeführten Gesichtspunkten verdient die nordwestliche Fortsetzung des Lineaments im zentraleuropäischen Raum besondere Aufmerksamkeit.

5. Auffällig ist der erhöhte Quecksilbergehalt in vielen Erdöl- und Erdgaslagerstätten der Dnepr-Donezk-Senke, im Mangyschlakgebiet (KUDRJAWZEW 1972) und anderen Teilbereichen des Lineaments. Solche Zusammenhänge können auch in anliegenden Bereichen bestehen.

Zum Schluß soll noch einmal die fruchtbringende Idee des Akademiemitglieds KARPINSKI hervorgehoben werden, deren Weiterentwicklung zur Ausgliederung des neuen minerogenetischen Donbass-Tienschan-Gürtels führte.

Zusammenfassung

Im Rahmen der Suche neuer Erzlagerstätten auf der Basis minerogenetischer Vergleiche einzelner tektonischer Einheiten ist eine Betrachtungsweise mit planetaren Dimensionen von großer Bedeutung. In diesem Zusammenhang wird besonders auf die Untersuchung von Lineamenten am Beispiel des Karpinski-Lineaments eingegangen. Die Podljasko-Brest-Senke, der Pripjatgraben, die Dnepr-Donezk-Senke mit dem Donezbecken, die verdeckte Karpinski-Gebirgskette, die Faltenzone von Mangyschlak und der Süd-Tjan-Schan werden als Teile des Karpinski-Lineaments ausführlicher dargestellt.

Резюме

При поисках новых рудных месторождений на основе минералогенетических сопоставлений отдельных тектонических единиц большое значение имеет подход в размерах всей планеты. В связи с этим на примере линеамента Карпинского особенно указано на исследование линеаментов. Как части линеамента Карпинского более подробно описываются Подляско-Брестская впадина, Припятская впадина, Днепровско-Донецкая впадина с Донецким бассейном, погребенные горы Карпинского, Мангышлакская складчатая зона и Южный Тянь-Шань.

Summary

An approach by planetary dimensions has much significance when it is a question of prospecting for new ore deposits on the basis of minerogenetic comparisons between individual tectonic units. In this connection the study of lineaments is particularly emphasized, with that of Karpinski taken as an example. A more detailed description is given of its parts such as the Podlyasko-Brest depression, the Pripyat graben, the Dnieper-Donetz basin, the concealed Karpinski mountain chain, the felded zone of Mangyshlak, and the South Tien Shan.

Literatur

AISBERG, R. G., R. G. GAREZKIJ & A. M. SINITSCHKA: Das Sarmat-Turan-Lineament der Erdkruste. In: Probleme der theoretischen und regionalen Tektonik. – Moskau 1971.

BENEK, R., G. KATZUNG & G. RÖLLIG: Subsequenter variszischer Vulkanismus und tektogener Bau in der DDR. – Jb. Geol., 7 (1971), Berlin 1976.

BUSCH, W. A., R. G. GAREZKIJ & L. G. KIRJUCHIN: Über die überdeckte Zone des kaledonischen Faltenbaus entlang der südwestlichen Begrenzung der Osteuropäischen Tafel. – Dokl. AN SSSR 208/2, Moskau 1973.

CHAIN, W. E.: Allgemeine Geotektonik. – Moskau 1964.

CHAIN, W. E., & W. J. SLAWIN: Erdkrustenbau von Zentral- und SE-Europa. – Kiew 1971.

CHAMRABAJEW, J. H., M. J. ISMAILOW & H. R. RACHMATULAJEW: Haupttypen der Gold- und Seltenmetallformationen am Beispiel des Tjanschan und Donezbeckens. – Geol. Sh., **31**, 5, Kiew 1971.

DIMITRIEW, L. W., W. L. BERSUKOW & G. B. UDINZEW: Ozean-Riftzonen und Problem der Erzbildung. – Geochimija, 8, Moskau 1970.

GAREZKIJ, R. G.: Genetische Dislokationen der Tafelüberdeckung des Randgebiets von Mugodshar. Tr. Inst. geol. Nauk AN-SSSR, Moskau 1962 (erschien 1960).

GAWRISCH, W. K.: Tiefenstrukturen und Methoden ihrer Untersuchung. – Kiew 1969.

HIRSCHLEBER, H. B., H. HJELME & M. SELLEVOLL: A. Refraction Profile through the Northern Jütland. – Geol. Just. Medd., **41**, Kopenhagen 1966.

KARPINSKI, A. P.: Bemerkungen zum Dislokations-Charakter der Gesteine in der südlichen Hälfte des europäischen Rußlands. – Bergzeitschrift, **3** (1883).

KARETNIKOW, L. G., & A. W. TOMASCHEWITSCH: Stand und Entwicklungsperspektiven der Mineral-Rohstoff-Grundlage von Belorussland – Minsk 1973.

KUDRJAWZEW, H. A.: Zur Frage der Erdölgenese. – Sow. Geol., **4**, Moskau 1972.

KRAMER, W., & D. MUCKE: Beziehungen zwischen Magmatiten und Sedimenten in sedimentären Komplexen. – Z. geol. Wiss., **1**, 1, Berlin 1973.

LJASCHKEWITSCH, S. M.: Eruptive Gesteine der Dnepr-Donez-Senke, Bildung der Alt-Riftzone. – Dokl. AN SSSR, **214**, 4, Moskau 1974.

NALIWKIN, D. W.: Geologie der UdSSR. – Moskau 1962.

PANOW, B. S.: Einige metallogenetische Besonderheiten des Aktivierungsbereiches des Donbass. Dokl. AN SSSR, **211**, 2, Moskau 1973.

– Über den Donbass-Tjanschan-Erzgürtel. – Dokl. Arm. SSR, **56**, 5, Jerewan 1973.

PANOW, B. S., W. A. KORTSCHEMAGIN & I. PILOT: Über die O–C-Isotopenzusammensetzung in Karbonaten des Donezbeckens. – Dokl. An Ukr. SSR, S. B., **3**, Kiew 1974.

RESWOIJ, D. P.: Tiefenstörungen des Süd-Tjanschans. – Lwow 1973.

SCHWEMBERGER, I. A.: Tektonik und Hauptetappen der Entwicklung der Skiph-Platte. Neue Schilder, Neotektonik und Erdöl-Erdgas-Perspektiven. – Moskau 1965.

SCHULZ, S. S. (jun.): Geologischer Bau und Gliederung des Zentralteils von Ural und Tjanschan. – Moskau 1972.

SMIRNOW, W. I.: Geologie der Hg-Lagerstätten Mittelasiens. – Moskau 1947.

SCHTSCHEGLOW, A. D.: Metallogenie der Gebiete autonomer Aktivierung. – Moskau 1968.

USENKO, U. S., L. S. BERNADSKAJA & W. A. LASKOW: Formationen der paläozoischen Metallogenie der Ukraine. – Geol. Sh., **34**, 2, Kiew 1964.

USPENSKAJA, N. JU.: Gürtel der großen Störungen im Tafelbereich des Südteils der UdSSR und Mittelasiens. – Sow. Geol., **3**, Moskau 1961.

Einige Ergebnisse der Messung tellurischer Ströme vom fahrenden Schiff im Nordatlantik

KÜHN, PETER, KÜHN, FRIEDER, Berlin

(Mitteilung aus dem Zentralen Geologischen Institut Berlin)

1. Allgemeine Angaben zur Nordatlantikexpedition 1972 mit FS „A. v. Humboldt"

In der Zeit von April bis Mai 1972 wurde unter Leitung des Zentralen Geologischen Instituts, Berlin, mit dem Forschungsschiff „A. v. Humboldt" der Akademie der Wissenschaften der DDR eine Nordatlantikexpedition mit geologisch-geophysikalischem Arbeitsprogramm durchgeführt. Als Arbeitsgebiet für die Expeditionsarbeiten wurde auf Anregung führender Wissenschaftler des Instituts für Ozeanologie (Moskau) der Akademie der Wissenschaften der UdSSR das Rockall-Plateau im nördlichen Nordatlantik ausgewählt. Auf mehreren regionalen Profilen von je 250 sm Länge wurden bathymetrische, magnetometrische und tellurische Profilierungsarbeiten sowie geologische und ozeanologische Stationsarbeiten durchgeführt. Zusätzlich wurde ein Querprofil über den Reykjanesrücken südwestlich Islands geophysikalisch vermessen.

Der vorliegende Beitrag berichtet über die während dieser Expedition durchgeführten seetellurischen Versuchsmessungen und deren Ergebnisse.

2. Die Durchführung der seetellurischen Messungen

Die Seetellurikausrüstung

Die gesamte Seetellurikausrüstung wurde von der Sektion Geowissenschaften der Bergakademie Freiberg bereitgestellt. Der Gerätekomplex für die Seetellurik wurde in Freiberg seit 1965 unter Leitung von G. PORSTENDORFER entwickelt und auf verschiedenen Ostseemeßfahrten im Flachseebereich erprobt (P. KÜHN 1970a, b). Eingesetzt wurden unpolarisierbare Meereselektroden (Schleppelektroden auf der Basis: Silber-Silberchlorid), das Meß- und Schleppkabel SK 63 (BENGELSDORF 1967), ein elektronischer Kompensations-Vierlinienschreiber als Registriergerät sowie weiteres notwendiges Zubehör (Kompensations-, Eich- und Filtereinheit, diverse Meßgeräte, Spannungskonstanthalter usw.). Die Arbeiten an Bord wurden von P. KÜHN durchgeführt. Das Auslegen und Einholen der Kabel erfolgte mit Unterstützung des gesamten Bordkollektivs.

Die Schleppelektrodenmessungen

Die seetellurischen Messungen erfolgten als Schleppelektrodenmessungen in einer horizontalen Komponente (E_h) und auf einer Driftstation als vertikale Komponente (E_v). Sie wurden parallel zu den magnetischen Messungen (Schlepp-Protonenmagnetometer) und auf den Überfahrten zwischen den Profilen bzw. zu den Häfen durchgeführt. Die jeweilige Fahrtrichtung wird dabei zur Meßrichtung für die geschleppte Seetellurikstation.

Geschleppt wurden zwei Meßelektroden an je einem Kabel im Abstand von 0,372 km. Die erste Elektrode befand sich dabei 45 m hinter dem Schiff. Der Schlepp erfolgte in Oberflächennähe bei allen Fahrtgeschwindigkeiten und jedem Seegang. Der Meßkreiswiderstand (Zuleitungswiderstände, Elektrodenübergangswiderstände usw.) betrug 60 bis 70 Ω und blieb während der Kontrollmessungen konstant. Das Eigenpotential zwischen beiden Elektroden (es waren über den gesamten Meßeinsatz die gleichen Elektroden im Einsatz) blieb kleiner 2 mV.

Eingang des Manuskripts in der Redaktion: 8. 5. 1975.

Die Messung konnte wegen hoher quasiperiodischer Störpotentiale der Dünungswellen nur selten im Meßbereich 10 mV/25 cm erfolgen. Dünungswellen waren ständig anzutreffen. Sie zeichnen sich durch Perioden > 10 s aus und verursachen auch bei nur geringer Amplitude (< 1 m) beachtliche quasiperiodische elektrische Potentiale, die sich der Tellurikregistrierung überlagern. Die zur Verfügung stehenden elektronischen Tiefpaßfilter mit einer Grenzfrequenz von 10 s, entwickelt für Ostseemessungen (wo wesentlich kürzerperiodischer Seegang angetroffen wird), konnten nicht eingesetzt werden und auch nicht tiefer abgestimmt werden. Trotzdem war es möglich, aus dem vorliegenden Registriermaterial (trotz schlechter Voraussetzungen) tellurische Signale auszusondern und mit synchronen magnetischen Variationsregistrierungen „benachbarter" magnetischer Observatorien (Reykjavik – Island, Valentia – Irland) und mit dem „weiter entfernten" Observatorium für Erdmagnetismus in Niemegk (DDR) zu korrelieren.

Zur Auswertung der Schleppelektrodenmessungen wurden laufend die Eintragungen aus den Schiffstagebüchern übernommen:

a) Brückentagebuch: Windrichtung und -stärke, Seegang, Dünung, Kurs r. w., Propellersteigung, Position, Wassertiefe usw.

b) Maschinentagebuch: Wassertemperatur.

Messung an einer Driftstation

Auf einer Driftstation südwestlich der Faeroer-Inseln wurde versucht, eine vertikale Tellurik-Meßstrecke zu errichten. Es wurden ein 400 m langes und ein 45 m langes Kabel bei treibendem Schiff (mit Ballastgewicht) hinausgefiert. Bereits die Drahtwinkel von 60 bis 65° für das lange Kabel und von 50 bis 60° für das kurze Kabel zeigten, daß eine beachtliche Drift des Schiffes auftritt (ca. 2 sm/h). Damit war mit Sicherheit keine vertikale Meßstrecke vorhanden. Die Registrierung an der elektrisch einwandfreien Tellurik-Meßstrecke ungenügend bekannter Geometrie ist damit nicht zu deuten.

Registrierung der Meßwerte

Nach Prüfung der Meßbereitschaft des Tellurik-Meßkreises erfolgte der Anschluß an den elektronischen Kompensationsschreiber. Die Registrierungen erfolgten meist mit einer Geschwindigkeit von 20 mm/min, wobei die höchst mögliche Empfindlichkeit angestrebt wurde. Laufend wurden Eichungen und sonstige Kontrollmessungen durchgeführt.

3. Meßumfang

Die Schleppelektrodenmessungen wurden auf 12 verschiedenen Profilstücken durchgeführt. Die Registrierzeiten sind sehr unterschiedlich (Minimum: 0,5 Std., 7 Profile zwischen 10 bis 30 Std., Maximum: 43 Std.). Die Gesamtregistrierzeit der Schleppelektrodenmessungen betrug fast 200 Stunden, die sich auf den Zeitraum vom 16. April bis 9. Mai 1972 verteilen. Die Messungen an der Driftstation erfolgten am 12. Mai 1972 über 12,5 Stunden.

Tabelle. Lage der Bezugsobservatorien; Angaben zur normalen magnetischen Variationsregistrierung; Entfernungen zum Meßgebiet

Observatorium	geogr. Koordinaten		geomagnetische Variationsregistrierung				Entfernung zum Meßgebiet	
	φ	λ	H	Z	D	v	Rockall-Plateau	Reykjanes-Rücken
Adolf-Schmidt-Observatorium für Erdmagnetismus, Niemegk Zentralinstitut Physik der Erde, Potsdam Akademie der Wissenschaften der DDR	50°04,3′ N	12°40,5′ E	1,93 γ/mm	1,97 γ/mm	0,312′/mm	20 mm/h	1500–2000 km	2500–2000 km
Leirvogur Magnetic Observatory, Science Institute of the University of Iceland, Reykjavik (Iceland)	64°11,0′ N	21°42,0′ W	15 γ/mm	15 γ/mm	2,3′/mm	15 mm/h	800–1500 km	300–800 km
Valentia Observatory. Cahireiveen, Co. Kerry (Ireland)	51°56′ N	10°15′ W	3,42 γ/mm	5,60 γ/mm	0,90′/mm	15 mm/h	300–700 km	1100–2000 km

4. Auswertung und Ergebnisse der seetellurischen Messungen

Auswertung

Der erste Schritt für die Auswertung der seetellurischen Messungen ist die Beschaffung von gleichzeitigen magnetischen Variationsregistrierungen an Land.

Zunächst wurden die Normalregistrierungen (20 mm/h) des Adolf-Schmidt-Observatoriums für Erdmagnetismus Niemegk — DDR angefordert sowie (durch freundliche Vermittlung der Niemegker Kollegen) die Registrierungen der magnetischen Observatorien Reykjavik (Island) und Valentia (Irland). Die Tabelle vermittelt die Angaben zur Lage dieser Observatorien sowie zu den Normalregistrierungen der magnetischen Variationen.

Als nächster Schritt erfolgte die Durchsicht des gesamten Registriermaterials und der Vergleich mit den normalen Variationsregistrierungen der drei Bezugsobservatorien. Im Ergebnis dieser Grobdurchsicht konnten ca. 60% des Registrierzeitraums als „tellurisch aktiv" eingeschätzt werden. Von 13 Bereichen mit tellurischer Aktivität wurden nunmehr die Pulsationsregistrierungen der drei genannten Observatorien angefordert und zur weiteren Auswertung verwendet. Eine eindeutige Korrelation zu den synchronen Registrierungen der magnetischen Observatorien in Island, Irland und der DDR konnte jedoch nur in Einzelfällen nachgewiesen werden. Das liegt besonders an den hohen quasiperiodischen Störpotentialen mit Perioden von 10 bis 50 s und Amplituden bis 20 mV/0,372 km.

Einige Ergebnisse

Abb. 1 zeigt einen Ausschnitt aus einer Seetellurik-Schleppelektrodenregistrierung vom 21. 4. 1972 (18.15 bis 19.30 GMT). Die Registriergeschwindigkeit beträgt in diesem Beispiel 360 mm/h. Es sind Riesenpulsationen zu erkennen, die von kräftigen längperiodischen Pulsationen überlagert werden. Die Meßrichtung ist 227° r. w., die Wassertiefe erreicht Werte um 1500 m (Rockall-Trog). Die Registrierungen von Niemegk, Reykjavik

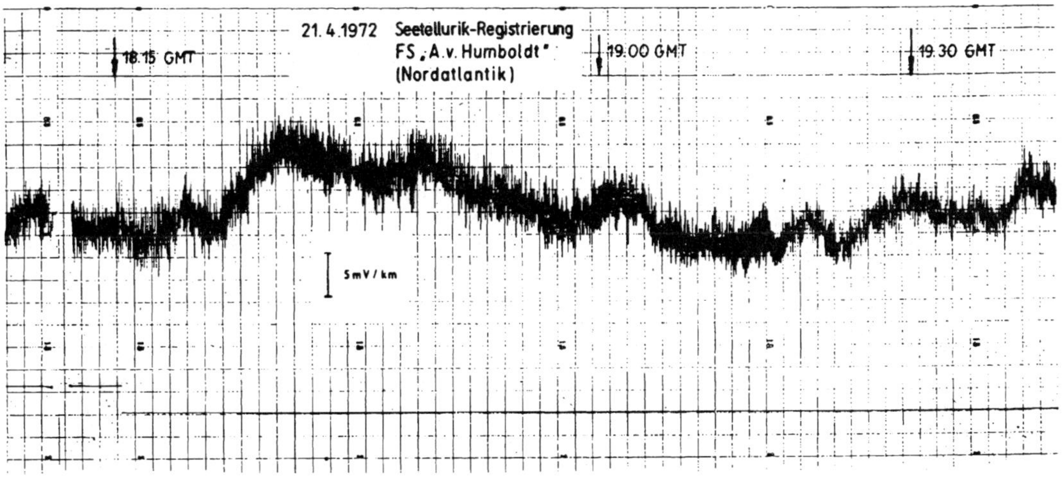

Abb. 1. Beispiel einer Seetellurik-Registrierung vom 21. 4. 1972 über 1,5 Stunden. Es handelt sich um eine Einkomponenten-Schleppelektrodenmessung bei voller Fahrt des Schiffes (13,5 kn). Die Länge der geschleppten Elektrodenstrecke betrug 0,372 km.

Angaben der Seestation: Rechtsweisender Kurs: 227°; Wind: S. 2; See: 2; Dünung: –; Position: 18.00 GMT – 54°27,5′ N 15°05,0′ W; Wassertiefe: ca. 1500 m (Rockall-Trog)

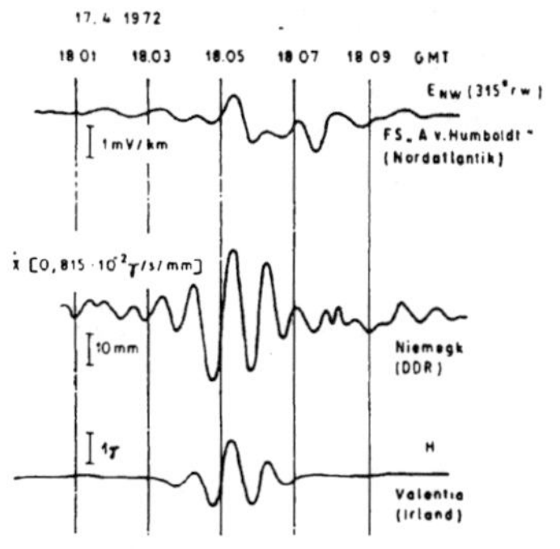

Abb. 2. Beispiel für synchrone tellurische (Nordatlantik) und magnetische (Niemegk — DDR und Valentia — Irland) Pulsationen im Periodenbereich um 60° s vom 17. 4. 1972

Niemegk DDR: $\bar{x} = \frac{dH}{dt}$, Angaben zur Seestation: Wind: S. 4; See: 3; Dünung: SW 2; Position: 18,00 GMT — 55°53′ N 15°05′ W; Wassertiefe: ca. 200 m (Rockall-Plateau)

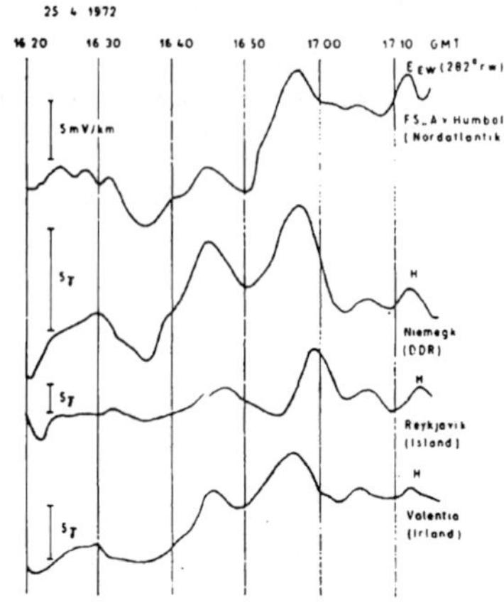

Abb. 3. Beispiel für synchrone tellurische (Nordatlantik) und magnetische (Niemegk — DDR, Reykjavik — Island, Valentia — Irland) Pulsationen im Periodenbereich um 600 s vom 25. 4. 1972

Angaben zur Seestation: Wind: umlaufend, 2; See: 1; Dünung: SW, 1; Position: 17.00 GMT — 56°31′ N 21°05′ W; Wassertiefe: ca. 800 m (Westflanke der Hatton-Bank)

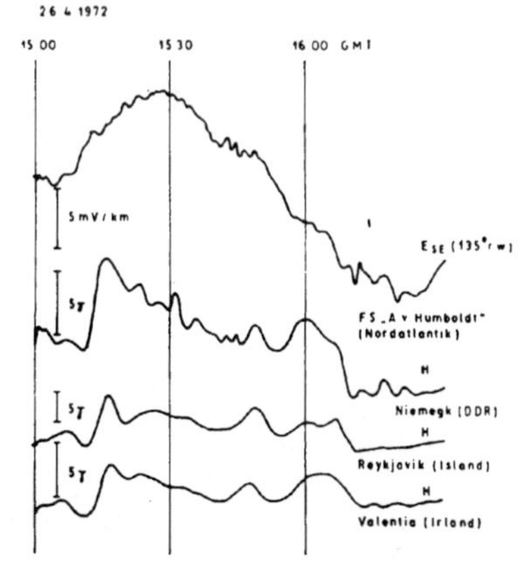

Abb. 4. Beispiel für synchrone längerperiodische tellurische (Nordatlantik) und magnetische (Niemegk — DDR, Reykjavik — Island, Valentia — Irland) Variationen, die von Pulsationen überlagert sind, vom 26. 4. 1972

Angaben zur Seestation: Wind: NW, 2; See: 1; Dünung: W, 1; Positionen: 15.00 GMT 55°16′ N 20°20′ W; 16.00 GMT 55°12′ N 20°11′ W
Wassertiefen: 15.00 GMT / 16.00 GMT } ca. 850 m (Rockall-Hatton-Senke)

und Valentia zeigen gleichfalls in H Riesenpulsationen, überlagert von langperiodischen Pulsationen. Auffallend ist der quasiperiodische Störpegel (in diesem Beispiel mit minimalen Amplituden!), der sich der Tellurikregistrierung überlagert. Da die Aufzeichnungen nicht auf Magnetband erfolgten, mußte das Tellüriksignal ohne technische Hilfsmittel (elektronische oder numerische Filterverfahren) von Hand herausgearbeitet werden. Nahezu unmöglich wird dieses Vorgehen bei geringer tellurischer Aktivität oder sehr starkem Seegang.

Die Abb. 2, 3 und 4 zeigen Beispiele für synchrone Registrierungen von seetellurischen und magnetischen Variationen unterschiedlicher Periodendauer, die eine eindeutige Korrelation aufweisen.

Abb. 2 zeigt kurzperiodische Pulsationen um 60 s, Abb. 3 Pulsationen um 600 s und Abb. 4 längerperiodische Variationen, die von Pulsationen überlagert werden.

Das Registriermaterial der seetellurischen Messungen und die Vergleiche mit den magnetischen Registrierungen an den Landstationen beweisen, daß tellurische Ströme auch bei größeren Wassertiefen vom fahrenden Schiff aus gemessen werden können.

Auf eine geologische Auswertung dieser seetellurischen Versuchsmessungen im Nordatlantik muß gegenwärtig noch verzichtet werden, da die Angaben zur Längsleitfähigkeit der Sedimente z. Z. noch zu unsicher sind. Das resultiert aus der fehlenden zweiten Tellurikkomponente und der (für die Seetellurik!) willkürlichen Meßrichtungen.

5. Schlußfolgerungen

Die seetellurischen Versuchsmessungen erfolgten mit der an der Bergakademie Freiberg seit 1965 entwickelten Seetellurik-Ausrüstung. Die unpolarisierbaren Meereselektroden haben sich hinsichtlich Stabilität und das Seilkabel SK 63 hinsichtlich Robustheit prinzipiell als geeignet für seetellurische Messungen unter Tiefseebedingungen erwiesen. Die Meßkabel sollten jedoch künftig in größeren Längen (1000 bis 2000 m) eingesetzt werden. Registrierseitig gab es mit dem elektronischen Kompensationsschreiber auch bei Dauerregistrierungen über 40 Stunden keine Probleme (trotz Einmannbetrieb). Für künftige Messungen sind elektronische Tiefpaßfilter zur Unterdrückung des Störpegels der Dünungswellen (Periode 10 ··· 50 s) unbedingt erforderlich. Ein anderer Weg wird im Schlepp der Kabel und Elektroden unter der Wellenzone gesehen, bzw. man sollte den Einbau der Elektroden in den Seismikkabelbaum vorsehen.

Verf. danken Herrn Prof. Dr. SCHMIDT, Direktor des Zentralen Geologischen Instituts Berlin, und Herrn Prof. Dr. MILITZER, Direktor der Sektion Geowissenschaften der Bergakademie Freiberg, für die Ermöglichung der Durchführung der seetellurischen Messungen auf der Nordatlantikexpedition 1972 der DDR.

Zusammenfassung

Im Rahmen des geologisch-geophysikalischen Arbeitsprogramms der Atlantikexpedition 1972 des Zentralen Geologischen Instituts Berlin im Gebiet des Rockall-Plateaus mit dem Forschungsschiff „A. v. Humboldt" der Akademie der Wissenschaften der DDR wurden seetellurische Messungen vom fahrenden Schiff aus durchgeführt. Trotz großen Störpegels, insbesondere durch die Dünungswellen, gelang es, tellurische Pulsationen verschiedener Perioden zu messen und mit synchronen magnetischen Variationsregistrierungen von benachbarten Landobservatorien zu korrelieren.

Резюме

Провели морские теллурические измерения с идущего судна в рамке геолого-геофизической рабочей программы атлантической экспедиции 1972 г. Центрального Геологического института г. Берлина в районе плато Рокалл на научно-исследовательском судне АН ГДР

Zeitschrift für angewandte Geologie, Bd. 22 (1976), Heft 6

„Александер фон Гумбольдт". Несмотря на высокий уровень помех, вызванный больше всего свободными волнами, удалось измерять теллурические пульзации различных периодов и коррелировать их с синхронными магнетическими вариационными регистрациями соседных станций на суше.

Summary

Marine telluric measurements from the sailing ship were made within the geological-geophysical programme of the Atlantic expedition to the Rockall plateau by the Central Geological Institute Berlin in 1972, which was undertaken in the research ship „A. v. Humboldt" of the Academy of Sciences of the G. D. R. In spite of a high noise level caused in particular by the swell waves, telluric pulsations of various periods could be measured and correlated with synchronous magnetic variation records of neighbouring terrestrial observatories.

Literatur

BENGELSDORF, E.: Ein neues hochfestes Seilkabel für ozeanographische „in-situ-Geräte". – Beitr. Meereskd., 21, 72–75, Berlin 1967.

KÜHN, P.: Ausnutzung des natürlichen elektromagnetischen Feldes der Erde für die Tiefenerkundung wasserbedeckter Gebiete. – Dissertation, Bergakademie Freiberg, Freiberg 1970.

– Grundlage seetellurischer Messungen. – Acta geodaet. Acad. Sci., 5, 1/2, 5–20, Budapest 1970.

Über die Wirkung des Skineffekts bei geoelektrischen Prospektionsarbeiten

WÖBKING, H., Innsbruck

1. Einleitung

Als Skineffekt bezeichnet man im allgemeinen die Erscheinung, daß bei einem elektrischen Leiter die Stromlinien an die Leiteroberfläche verdrängt werden, wenn Ströme hoher Frequenz auftreten. Dies kann dazu führen, daß der Strom ausschließlich in einer dünnen Haut an der Leiteroberfläche fließt. Die Ursache des Skineffekts sind Wirbelströme, die in einem Leiter induziert werden, wenn er von einem magnetischen Wechselfeld durchsetzt wird. Dieses Feld kann von den im Leiter selbst fließenden Wechselströmen oder auch von benachbarten stromführenden Leitern herrühren. Der Skineffekt hat zur Folge, daß beispielsweise der Widerstand eines Kupferdrahts von 2 mm Durchmesser für Wechselströme mit $f = 600\,000$ Hz sechsmal so hoch ist wie bei Verwendung eines Gleichstroms.

Ähnliche Erscheinungen treten dann auf, wenn Wechselströme im Erdboden fließen, sei es, daß die Erde zur Rückleitung eines Stroms verwendet wird, sei es, daß Wechselströme zur geoelektrischen Prospektion Verwendung finden. Leitet man dem Erdboden einen Wechselstrom mittels eines Kabels zu, das parallel zum Erdboden verlegt ist, so werden die Stromlinien im Erdinneren zum Kabel hin zusammengedrängt. Mit wachsender Frequenz schnüren sich die Stromlinien immer enger in der Umgebung des Kabels zusammen, so daß die Erdströme bei hohen Frequenzen stets in einem relativ engen Kanal unterhalb (bei 4π-Geometrie: in der Nähe) der Leitung fließen. Bei zunehmender Frequenz wird der Querschnitt des Leitkanals immer enger. Es läßt sich ein sogenannter Eindringradius $e(m)$ definieren: innerhalb der Fläche πe^2 fließt der gesamte Wechselstrom. Der Eindringradius ist eine Funktion der elektrischen Parameter des Gesteins und der Frequenz f. Hieraus ergibt sich eine folgenschwere Konsequenz für geoelektrische Prospektionsarbeiten mit künstlich erzeugten Wechselfeldern.

Bei Gleichströmen wird die Eindringtiefe in das Erdinnere durch den Elektrodenabstand der stromzuführenden Elektroden A und B bestimmt. Größenordnungsmäßig ist die Eindringtiefe gleich der Hälfte des Elektrodenabstands. Bei Anwendung von Wechselströmen wird die Eindringtiefe durch Erscheinungen des Skineffekts weiter herabgesenkt.

Bei der sogenannten Tiefensondierung variiert man die Eindringtiefe der Stromlinien durch Verändern des Abstands AB. Der Skineffekt bietet nun auch die Möglichkeit, bei Beibehaltung der Elektrodenkonfiguration verschiedene Eindringtiefen, nämlich durch Variation der Meßfrequenz, zu erzielen.

Im folgenden wird eine kurze theoretische Darstellung der Erscheinung gegeben, die auftritt, wenn die Erde als Wechselstromleiter fungiert. Es wird sodann eine Möglichkeit beschrieben, den Erd-Skineffekt meßtechnisch zu erfassen; es schließt sich eine Beschreibung von Meßergebnissen an, die im Bergbau Großkogl/Reith bei Brixlegg in Tirol erhalten wurde.[1])

Eingang des Manuskripts in der Redaktion: 21. 10. 1975.

2. Theorie

Führt man der Erde über zwei Elektroden A und B einen Gleichstrom zu, so ergibt sich für den Stromlinienverlauf im Erdinneren etwa das in Abb. 1 dargestellte Bild (nach MAYR 1925).

Bei Wechselströmen ist jedoch zu berücksichtigen, daß zwischen den Stromfäden im Boden und jenen im Zuleitungsdraht eine elektromagnetische Wechselwirkung auftritt. Beim sogenannten Skineffekt üben gleichgerichtete Ströme vermittels ihres Magnetfelds eine abstoßende Kraft aufeinander aus, die beispielsweise im Draht zu einer Verdrängung der Stromlinien an die Leiteroberfläche führt. Im vorliegenden Fall überwiegt jedoch die Anziehungskraft entgegengesetzter Ströme, nämlich der Leitungsströme des Kabels und der Ströme im Erdboden selbst. Als Folge davon erhält

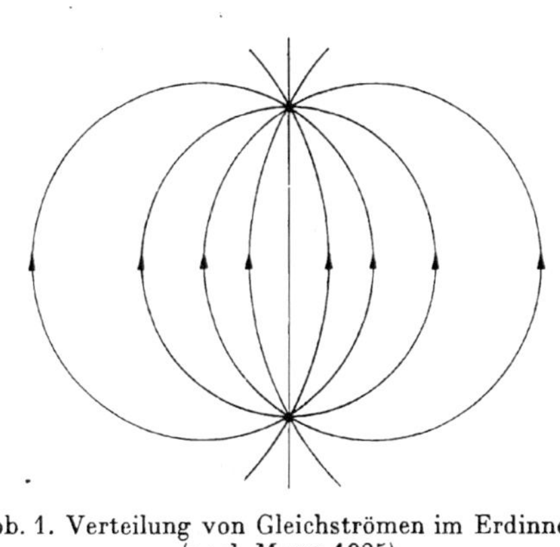

Abb. 1. Verteilung von Gleichströmen im Erdinneren (nach MAYR 1925)

[1]) Anmerkung: In dieser Arbeit werden alle bei Verwendung von Wechselströmen in der Erde auftretenden Effekte summarisch als Skineffekt bezeichnet, obwohl hier keineswegs – wie etwa bei Drähten – eine Stromlinienverdrängung an die Oberfläche („Haut") auftritt.

man, daß sich Wechselströme nicht weit im Erdinneren ausbreiten, wie etwa Gleichströme (Abb. 1), sondern, daß sie in geringer Entfernung längs der Leitung entlanglaufen, wie es in Abb. 2 für die Blind- und Wirbelströme bezeichnet ist (nach MAYR 1925).

Bei Vernachlässigung der Elektrodenbereiche, d. h., bei genügend großen Elektrodenabständen, wird man für jeden Querschnitt eine konstante Stromdichte erhalten. (Zu den Stromdichteverteilungen in Elektrodennähe siehe BUCHHOLZ 1936.) Die Rechnung kann somit für einen zweidimensionalen Fall durchgeführt werden.

Für die in Abb. 3 dargestellte Anordnung von Leiter, Elektroden und Gestein soll nach MAYR der Spannungsabfall längs der Strecke $MN = a$ berechnet werden.

Für den gesamten Spannungsabfall ergibt sich:

$$\Delta U = I \cdot R - i\varrho\, 3a - \frac{d\varphi}{dt} \tag{1}$$

ΔU = Spannungsabfall,
I = Leitungsstrom,
R = Leitungswiderstand,
i = Stromdichte in der Erde,
ϱ = spezifischer Widerstand der Erde,
a = Elektrodenabstand bei einer Wennerkonfiguration,
φ = Kraftfluß der Schleife Draht—Erde,
t = Zeit.

Wenn man den von den Erdströmen herrührenden Kraftfluß vernachlässigt — er macht maximal 0,1% aus, relativ zu dem vom Draht erzeugten Fluß —, ergibt sich für φ

$$\varphi = I\left(2 \ln \frac{h}{r} + \frac{\mu}{2}\right) \tag{2}$$

h = Abstand des Leiters von der Erde,
r = Leiterradius,
μ = Permeabilität des Leitermaterials.

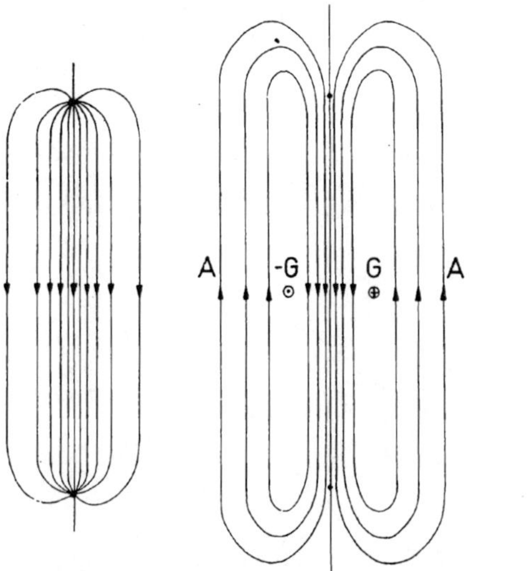

Abb. 2. Verteilung von Wechselströmen im Erdinneren (nach MAYR 1925)

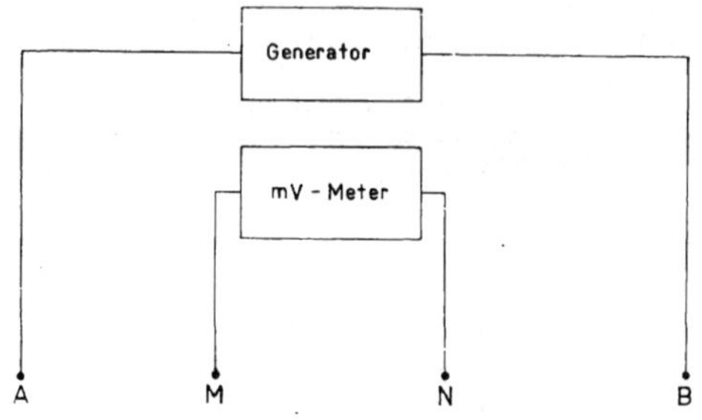

Abb. 3. Wenneranordnung, Stromelektroden AB; Spannungselektroden MN
$AB = 3a$; $MN = a$.

Für die Stromdichte i unmittelbar in der Nähe des Leiters wurde nach MAYR (1925) erhalten:

$$i = \frac{\varkappa}{\pi} I \left[-\frac{\pi}{2} - j\,(\ln \varkappa \cdot h + 0{,}577)\right] \tag{3}$$

$$\varkappa = (4\pi^2 f)/\varrho \tag{4}$$

Setzt man (2), (3) und (4) in (1) ein, so ergibt sich nach Umrechnung in das praktische Maßsystem für den Gesamtwiderstand $R_\sim$:

$$R_\sim = R + c \cdot 2\pi^2 f \cdot 10^{-7} \cdot 3a + j\, 2\pi f \times \left(2 \ln \frac{1}{\varkappa r} - 1{,}154 + \frac{\mu}{2}\right) 10^{-7} \cdot 3a \tag{5}$$

$R_\sim$ = Wechselwiderstand [Ω],
c = Proportionalitätsfaktor, der von der Geometrie abhängt; für eine 4π-Geometrie gilt: $c = 1{,}36$.

Berücksichtigt man noch den Übergangswiderstand $R_Ü$ der Elektroden und den Gesteinswiderstand $R_=$, so ergibt sich bei Einführung des Selbstinduktionskoeffizienten L für eine 4π-Geometrie:

$$R_\sim = R + 2{,}72 \cdot \pi^2 \cdot f \cdot 3a \cdot 10^{-7} + j \cdot 2\pi f L \cdot 3a \cdot 10^{-7} + R_Ü + R_= \tag{6}$$

Diskussion

Bei der Verwendung von Wechselströmen treten zwei Widerstände auf, die von Gleichstrommessungen her unbekannt sind.

a) Ein Erdwiderstand $R_E = 2{,}72 \cdot \pi^2 f \cdot 3a \cdot 10^{-7}$ [Ω]. (7)

Dieser ist proportional zur Frequenz f und geht mit $f - 0$ ebenfalls gegen Null. R_E wächst fernerhin mit zunehmendem Elektrodenabstand a an; er ist unabhängig vom spezifischen Widerstand des Gesteins. Das bedeutet aber, bei großer Leitfähigkeit (geringer Bodenwiderstand) drängen sich die Stromlinien auf einen engen Querschnitt zusammen und umgekehrt, so daß der Erdwiderstand des stromführenden Bodens derselbe bleibt.

b) Es tritt ein induktiver Widerstand auf

$$R_L = 2\pi f L \text{ [Ω]} \tag{8}$$

mit

$$L = (2{,}29 - 0{,}46 \log r)\, 10^{-6} \cdot 3a \text{ bei } f = 50 \text{ Hz} \tag{9}$$

a = Elektrodenabstand MN [m],
r = Drahtradius [mm],
L = Selbstinduktionskoeffizient [H].

Bei beliebigen Frequenzen f ist für r der Wert

$$r' = r\,\frac{f}{50} \tag{10}$$

einzusetzen.

Die Übergangswiderstände $R_Ü$ sowie die Drahtwiderstände R sind für Prospektionsarbeiten nur von geringem Interesse. Berechnet man den Erdwiderstand (7) nach der üblichen Widerstandsformel für Leiter

$$R_E = \varrho\,\frac{3a}{\pi e^2} = 2{,}72\pi^2 f\,3a\cdot 10^{-7} \tag{11}$$

e = Eindringtiefe der Stromlinien,

so läßt sich aus Gleichung (11) die Eindringtiefe e für Wechselströme berechnen.

$$e = \sqrt{\frac{\varrho}{2{,}72\pi^3 f\cdot 10^{-7}}} \tag{12}$$

Die Eindringtiefe ist proportional zu $\varrho^{1/2}$ und umgekehrt proportional zu $f^{1/2}$. Mit höherer Frequenz und geringerem spezifischem Widerstand der kontaktierten Erdformation wird die Eindringtiefe der Stromlinien geringer. Für die Stromdichte im Erdboden gilt bei konstantem Strom I in der Leitung:

$$i = \frac{I\cdot 2{,}72\pi^2\cdot 10^{-7} f}{\varrho} \tag{13}$$

d. h., die Stromdichte steigt proportional zum Quotienten f/ϱ an. In Tab. 1 sind einige aus obigen Gleichungen errechnete Werte für R_L, R_E, i und e angegeben.

Tab. 1. R_E, R_L, i und e als Funktionen der Frequenz
Parameter $I = 1$ A, $\varrho = 10^4\ \Omega$m, $r = 0{,}7$ mm, $a = 50$ m

f	R_E	R_L	i	e
1	$4\cdot 10^{-4}$	$3{,}8\cdot 10^{-3}$	$2{,}68\cdot 10^{-10}$	34400
10	$4\cdot 10^{-3}$	$2{,}4\cdot 10^{-2}$	$2{,}68\cdot 10^{-9}$	10900
100	$4\cdot 10^{-2}$	$2{,}0\cdot 10^{-1}$	$2{,}68\cdot 10^{-8}$	3440
1000	$4\cdot 10^{-1}$	$1{,}72\cdot 10^{0}$	$2{,}68\cdot 10^{-7}$	1090
10000	4,0	$1{,}2\cdot 10^{1}$	$2{,}68\cdot 10^{-6}$	344
Hz	Ω	Ω	A/m²	m

Der Gesamtwiderstand, der sich durch vektorielle Addition von R_E und R_L ergibt, wird (bei den angenommenen Parametern) hauptsächlich durch den induktiven Widerstand R_L bestimmt. Die Eindringtiefe nimmt mit steigender Frequenz sehr stark ab.

Für die geoelektrische Widerstandsprospektion (z. B. nach einer Wennermethode) ist nicht so sehr der Gesamtwiderstand der Anordnung, Kabel/Elektroden/Gestein, von Interesse, als viel mehr die Spannung an zwei Sonden M, N zwischen den Stromelektroden. Es liegt somit eine Anordnung wie oben beschrieben vor, hinzu kommt ein stromloses geerdetes Kabel, in dem vom stromführenden Kabel Spannungen induziert werden. Die Berechnung der auftretenden Spannung erfolgt nach demselben Schema wie oben; für den Kraftfluß ist nun zu setzen:

$$\varphi = I\cdot 2\ln\frac{l'}{l} \tag{14}$$

Die Bedeutung von l und l' ist der Abb. 4 zu entnehmen.

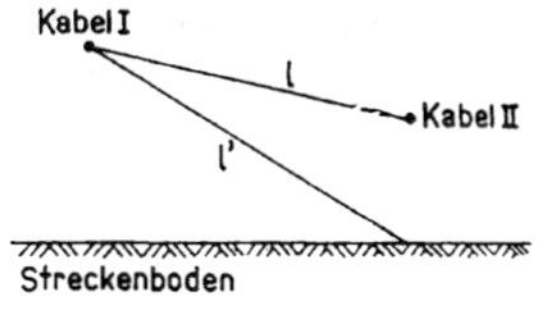

Abb. 4. Kabelabstände

Für die Spannung an den Elektroden M und N mit gegenseitigem Abstand a ergibt sich für kleine l und l' (MAYR 1925)

$$U = 1{,}36\cdot I\cdot 2\pi^2 f\cdot 10^{-7} a + j\,2\pi f\cdot L_l\cdot a\cdot I\cdot 10^{-7} + R_{=}\cdot I = I\cdot R_E + I\cdot R_{\text{imaginär}} + I\cdot R_{=} \tag{15}$$

Der auftretende Wechselstromwiderstand setzt sich wiederum aus zwei Anteilen zusammen (abgesehen von Draht- und Übergangswiderständen)

$$R_E = a\cdot 2{,}72\cdot\pi^2\cdot f\cdot 10^{-7}\ [\Omega] \tag{16}$$

$$R_{\text{imaginär}} = j\cdot 2\pi f\cdot L_l\cdot a\cdot 10^{-7}\ [\Omega] \tag{17}$$

wobei für L_l gilt (für kleine l und l')

$$L_l = (2{,}26 - 0{,}48\cdot\log l)\cdot 10 = L^*\cdot 10 \tag{18}$$

l [cm], a [m], L^* [Henry]. Diese Gleichung hat Gültigkeit für $f = 50$ Hz. Für beliebige Frequenzen f ist anstelle von l der Wert

$$l^* = 1\cdot\frac{f}{50} \tag{19}$$

einzusetzen.

R_E beschreibt wie im vorhergehenden Fall einen Widerstand, der von ϱ, dem spezifischen Widerstand der Erde, unabhängig ist, der mit steigendem Elektrodenabstand a und der Frequenz f anwächst.

$R_{\text{imaginär}}$ ist ein induktiver Widerstand, proportional zur Selbstinduktion L_l, zur Frequenz f und zum Elektrodenabstand a. Für die Eindringtiefe der Ströme gilt wiederum das Vorhergesagte. In der Tab. 2 sind einige aus der Gl. (16), (17) und (18) errechnete Werte für die Frequenz $f = 1$, 10, 100, 1000 und 10000 Hz, für $\varrho = 10^4\ [\Omega\text{m}]$ und $l = 1$ m angegeben.

Tab. 2. R_E, $R_{\text{imaginär}}$ und Eindringtiefe e als Funktion der Frequenz. Parameter: $l = 1$ m, $\varrho = 10^4\ \Omega$m, $a = 50$ m

f	R_E	$R_{\text{imaginär}}$	e
1	$1{,}3\cdot 10^{-4}$	$9{,}6\cdot 10^{-4}$	34400
10	$1{,}3\cdot 10^{-3}$	$8{,}1\cdot 10^{-3}$	10900
100	$1{,}3\cdot 10^{-2}$	$6{,}6\cdot 10^{-2}$	3440
1000	$1{,}3\cdot 10^{-1}$	$5{,}1\cdot 10^{-1}$	1090
10000	1,3	$3{,}6\cdot 10^{0}$	344
Hz	Ω	Ω	m

Der induktive und der Erdwiderstand tragen in etwa gleicher Weise zum Gesamtwiderstand bei, solange es sich um Leitungen bis zu 2000 m handelt — diese Größenordnung spielt bei der geoelektrischen Prospektion allein eine Rolle. Aus den theoretischen Betrachtungen ergibt sich weiterhin, daß die induktive Beeinflussung der Kabel mit zunehmendem gegenseitigen Abstand geringer wird; in manchen Fällen – speziell bei Prospektionsarbeiten übertage — wird man größere Abstände der beiden Kabel einhalten können, während die maximalen Kabelabstände untertage durch die Streckendimensionen vorgegeben sind.

Die Theorie ergibt für den mit Wechselstrom meßbaren spezifischen Widerstand $\varrho_\sim$ der Erde ein Ansteigen mit f, bedingt durch die Frequenzabhängigkeit der Größen $R_{\text{imaginär}}$ und R_E.

Die entsprechenden Spannungen zeigen zueinander einen Phasenwinkel φ, wobei der an R_E abfallende Spannungsanteil der Spannung an $R_{\text{imaginär}}$ vorauseilt.

$$\tan \varphi = \frac{R_{\text{imaginär}}}{R_E} \qquad (20)$$

Der Phasenwinkel ist proportional zur Selbstinduktion L_l.

Die an den Elektroden M und N abfallende Spannung ergibt sich zu:

$$U = R_\sim \cdot I + R_= \cdot I = a \cdot I \cdot f \cdot 10^{-7} \times \sqrt{2{,}72^2\pi^4 + 4\pi^2 L_l^2} + R_= \cdot I \qquad (21)$$

Für eine fixe Elektrodenanordnung ist U eine Funktion von I, L_l und f, da a und $R_=$ konstant sind.

Aus der Gesamtspannung U an MN, dem Strom I und der Elektrodengeometrie, läßt sich der spezifische Wechselstromwiderstand $\varrho_\sim$ bei der Wenneranordnung berechnen:

$$\frac{U}{I} = a \cdot f \cdot 10^{-7} \sqrt{2{,}72^2\pi^4 + 4\pi^2 L_l^2} = \frac{\varrho_\sim}{4\pi a} \qquad (22)$$

$$\varrho_\sim = 4\pi^2 a^2 f \cdot 10^{-6} \sqrt{0{,}73 + 4L_l^2} \qquad (23)$$

Der Widerstand R_g zwischen den Elektroden M und N (Abstand ist a) setzt sich zusammen aus dem Wechselstromwiderstand $R_\sim$ und aus dem Gleichstromwiderstand $R_=$:

$$R_= = \varrho_= \cdot 4\pi a \qquad (24)$$

Für R_g gilt:

$$R_g = R_= + R_\sim = \varrho_= 4\pi a + \varrho_\sim 4\pi a = \varrho_g \cdot 4\pi \qquad (25)$$

Somit gilt:

$$\varrho_g = \varrho_= + \varrho_\sim . \qquad (26)$$

Mit zunehmender Frequenz nimmt $\varrho_\sim$ zu. Die Betrachtung der Absolutwerte von $\varrho_=$ und $\varrho_\sim$ zeigt jedoch, daß sich der Einfluß von $\varrho_\sim$ erst dann bemerkbar macht, wenn entweder ein Gestein mit hoher Leitfähigkeit ($\varrho_=$ sehr klein) vorliegt, wenn hohe Frequenzen $f > 10^3$ Hz in Betracht gezogen werden oder wenn die Elektrodenabstände sehr groß sind. Für $f \to 0$ geht ϱ_g in $\varrho_=$ über.

Diese Betrachtungen gelten nur für den Fall eines isotropen, homogenen Mediums. Wenn sich der spezifische Gleichstromwiderstand in einem geschichteten Medium mit zunehmender Teufe ändert, wird $\varrho_=$ eine Funktion des Elektrodenabstands. Der von der Theorie geforderte Frequenzanstieg von ϱ_g kann durch einen teufenabhängigen Wert $\varrho_=$ kompensiert werden, weil beispielsweise oberflächennahe Gesteinsschichten besser leiten als tiefer liegende Formationen.

Zusammenfassung der theoretischen Betrachtungen

Bei der Verwendung von Wechselströmen zur geoelektrischen Widerstandsmessung treten Erscheinungen auf, die zu einer Frequenzabhängigkeit des spezifischen Wechselstromwiderstands führen. Der gesamte spezifische Widerstand setzt sich additiv aus einem Gleichstrom- und einem Wechselstromanteil zusammen. Der spezifische Wechselstromwiderstand ist unabhängig von dem spezifischen Erdwiderstand, er ist proportional zum Quadrat des Elektrodenabstands, direkt proportional zur Frequenz.

Die Eindringtiefe der Wechselströme ist proportional $\varrho^{1/2}$ und $f^{-1/2}$.

3. Meßapparatur und Meßergebnisse

Die Messungen zur Untersuchung des Skineffekts wurden im Fahlerz/Baryt-Bergbau Großkogl, Reith bei Brixlegg im Bereich des Georgi-Unterbaus, untertage durchgeführt.

Meßapparatur

Es wurden zwei Stromelektroden A und B sowie zwei Spannungssonden M und N verwendet; die Elektroden waren aus rostfreiem Stahl hergestellt, Dimension $50 \times 1 \times 1$ [cm]. Als Wechselstromquelle diente ein von einem RC-Generator angesteuerter Verstärker mit ca. $400 V_{SS}$ Ausgangsspannung; die Ströme betrugen bis zu $I_{SS} = 200$ mA.

Die Strommessung wurde über einen induktions- und kapazitätarmen Widerstand mittels eines Wechselstrommillivoltmeters durchgeführt. Für die Spannungsmessung an MN stand ein zweites Wechselstrommillivoltmeter zur Verfügung. Als Elektrodenkonfigurationen wurden Wenner- und Schlumbergeranordnungen verwendet (BITTERLICH & WÖBKING 1972).

Schwierigkeiten traten insofern auf, als bei großen Elektrodenabständen Einstreuungen von Fremdfeldern festgestellt wurden, die die niederen Meßspannungen zum Teil überdeckten; dieser Effekt macht sich besonders bei niedrigen Frequenzen bemerkbar. Folgende Messungen wurden vorgenommen:

Schlumbergeranordnung im Morgenschlag

Die Elektrodenanordnungen sind der Abb. 5 zu entnehmen. In Abb. 6 sind die Spannungen an MN als Funktionen der Frequenz dargestellt, Kurve (1), (2), (3), Parameter siehe Abbildungsunterschrift. Die Frequenzabhängigkeit von U ist tendenziell unterschiedlich. Bei $AB = 185$ m und 100 m steigt U mit f an, bei $AB = 150$ m fällt U mit f leicht ab. Die Gleichstromwiderstände in diesem Meßbereich zeigt Tab. 3.

Mit diesen ϱ-Werten lassen sich zumindest die Absolutwerte der auftretenden Spannungen erklären. Die Frequenzabnahme von U bei $AB = 150$ m ließe sich unter Um-

Tab. 3. Tiefensondierung — spezifische Gleichstromwiderstände gemessen im Morgenschlag

a	$\varrho_=$	a	$\varrho_=$
5	3960	40	4260
10	6340	50	5560
20	5730	60	6590
30	4970		
m	Ωm	m	Ωm

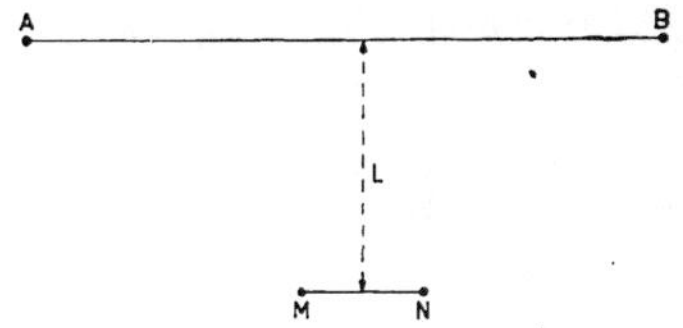

Abb. 5. Elektrodenanordnung

ständen als Kompensationseffekt deuten: der Frequenzanstieg von $\varrho_\sim$ wird bei Abnahme von $\varrho_=$ bei geringen Werten der Eindringtiefe aufgehoben bzw. überkompensiert, so daß ein leichtes Abfallen von ϱ_g mit zunehmendem f festzustellen ist. Der Gesamtstrom betrug in allen Fällen $I_{\text{eff}} = 60$ mA.

Schlumberger-Anordnung Morgenschlag – SE-Schlag

Die Elektrodenanordnungen sind der Abb. 5 zu entnehmen. In Abb. 6 sind die enthaltenen Spannungen wiedergegeben, und zwar durch die Kurven 4, 5, 6; Parameter: siehe Abbildungsunterschrift. U fällt mit steigendem f ab, besonders im Bereich $f > 1000$ Hz. Im Absolutwert von U kommen die verschiedenen Eindringtiefen bei $AB = 200$, 150 und 100 m zur Geltung. Hinzu kommt der Effekt, daß die Eindringtiefe mit zunehmender Frequenz abnimmt, was ein Absinken von U mit wachsendem f zur Folge hat.

Messung SE-Schlag

Die in Abb. 6 angegebene Kurve (7) wurde für eine relativ große Entfernung Mittelpunkt der Elektrodenanordnung AB/Meßstrecke MN (= 120 m) gemessen. Die Spannungen

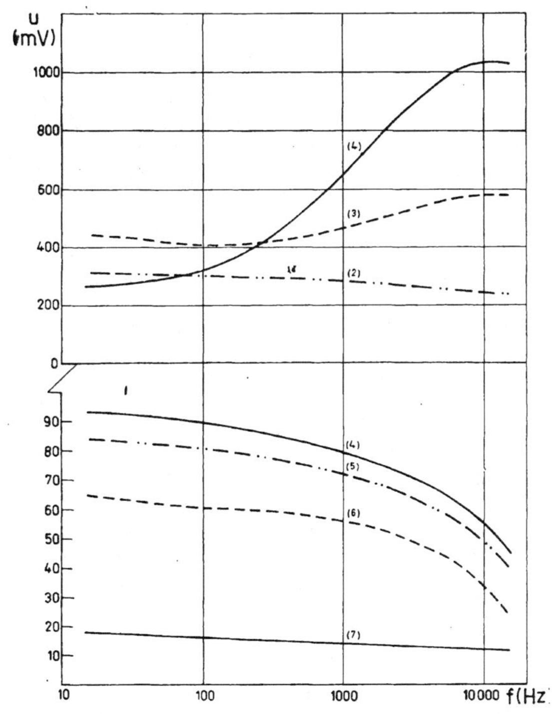

Abb. 6. Wechselspannung an MN als Funktion der Frequenz f

(1) – AB = 185 m, MN = 20 m, L = 27 m;
(2) – AB = 50 m, MN = 20 m, L = 13,5 m;
(3) – AB = 100 m, MN = 30 m, L = 3,5 m;
(4) – AB = 185 m, MN = 20 m, L = 65 m;
(5) – AB = 150 m, MN = 20 m, L = 65 m;
(6) – AB = 100 m, MN = 20 m, L = 65 m;
(7) – AB = 100 m, MN = 20 m, L = 120 m;
$I_{\text{eff}} = 60$ mA

sind sehr gering, die Einstreuungen liegen in der Größenordnung der Meßspannungen. Eine Tendenz $U \sim \frac{1}{\log f}$ ist noch feststellbar.

Wenner-Anordnung SE-Schlag

Die Elektroden waren längs einer Geraden angebracht. Der Elektrodenabstand wurde variiert, und zwar $a = 5$, 10, 20, 30, 40, 50 m. Für diese Abstände wurden die spezifischen Gleichstromwiderstände bestimmt (Tab. 4).

Tab. 4. Spezifische Gleichstromwiderstände im SE-Schlag als Funktion des Elektrodenabstands a

a	$\varrho_=$
5	15370
10	9420
20	6782
30	6890
40	7105
50	6908
m	Ωm

Für jede Frequenz wurde nach der Formel

$$\varrho_g = \frac{U}{I} 4\pi a \tag{27}$$

der spezifische Widerstand berechnet. Diese spezifischen Widerstände sind in Abb. 7 als Funktion der Frequenz aufgetragen, Parameter: Elektrodenabstand a. Ergebnis: die auftretenden Absolutwerte von ϱ_g entsprechen bei niederen Frequenzen den mit Gleichstrom ermittelten Werten $\varrho_=$. Mit zunehmender Frequenz verschieben sich die spezifischen Widerstände zu höheren Werten. Der Frequenzanstieg fällt zum Teil sehr beachtlich aus; Grund:

a) Frequenzabhängigkeit von $\varrho_\sim$;

b) Mit geringen Werten der Eindringtiefe (hohe Frequenzen) nimmt die Gleichstromleitfähigkeit stark ab, was zu einem Anstieg von $\varrho_=$ führt.

4. Diskussion der Meßergebnisse

Während die zuerst dargelegten Messungen mehr zum Nachweis des Skineffektes dienten, können die als Wenneranordnung SE-Schlag angegebenen Messungen auch qualitativ ausgewertet werden. Nach der Gleichung (23) wurde $\varrho_\sim$ für den Fall $l = 10$ cm als Funktion von f (1 Hz bis 10^5 Hz) berechnet, und zwar wurde der Elektrodenabstand zu $a = 1$ m normiert.

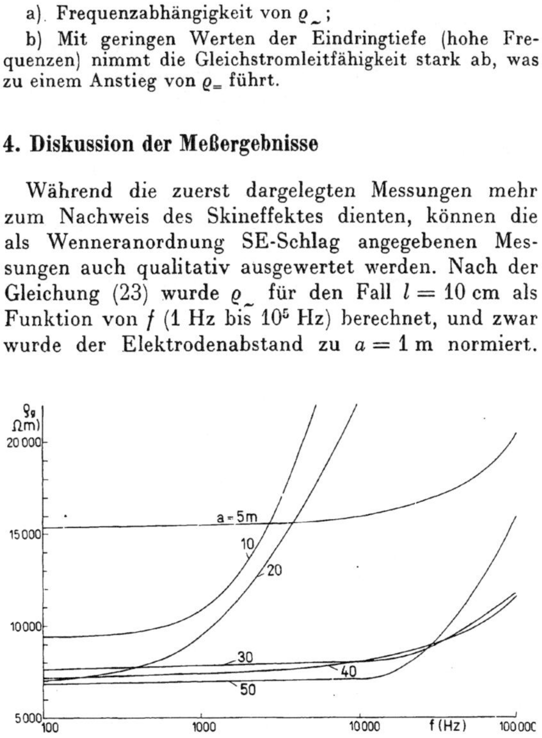

Abb. 7. SE-Schlag: der spezifische Widerstand ϱ_g als Funktion der Frequenz

Wenneranordnung. Parameter: a = 5, 10, 20, 30, 40, 50 m.

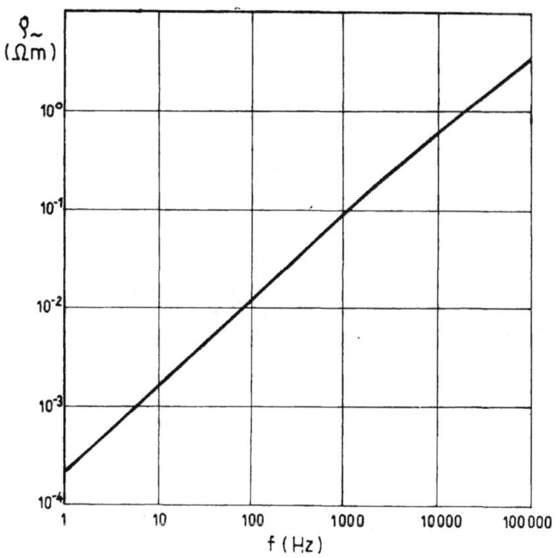

Abb. 8. Theoretische Kurve $\varrho_{\sim}(f)$, Normierung $a = 1$ m

In Abb. 8 ist die Kurve $\varrho_{\sim}(f)$ dargestellt. Um einen Vergleich mit den Meßkurven in Abb. 7 durchführen zu können, muß der spezifische Gleichstromwiderstand $\varrho_{=}$, der aber infolge der verschiedenen Eindringtiefen der Ströme und der vorliegenden Inhomogenität eine Funktion von f ist, hinzu addiert werden. $\varrho_{=}(f)$ läßt sich nicht exakt kalkulieren, daher wird ein Vergleich von Theorie und Experiment mit den Gleichstromwerten für den jeweiligen Elektrodenabstand (somit $\varrho_{=}$ ist frequenzunabhängig) durchgeführt, und zwar nur für höhere Frequenzen, da hier die Meßgenauigkeit größer war. In Tab. 5 sind die theoretisch berechneten und die experimentell erhaltenen Werte wiedergegeben.

Der Vergleich zeigt, daß bei höheren Elektrodenabständen, nämlich für die Teufen, in denen $\varrho_{=}$ über größere Bereiche etwa konstant ist, eine Übereinstimmung von Theorie und Experiment bis auf $\pm 15\%$ gegeben ist. Bei den Abständen $a = 5$, 10, 20 m liegt

Tab. 5. Vergleiche von theoretisch berechneten und experimentell ermittelten spezifischen Widerständen. Bereich SE-Schlag, Bergbau Großkogl
Parameter: Elektrodenabstand a und Frequenz f

a	100 Hz	1000 Hz	10000 Hz	100000 Hz	
	Theorie ϱ_g				
5	15370	15372	15385	15462	
10	9421	9430	9483	9791	
20	6785	6819	7032	8264	
30	6902	6977	7458	10229	
40	7141	7265	8120	13046	
50	6943	7152	8488	16185	
	Experiment ϱ_g				$\varrho_{=}$
5	15370	15450	15900	20400	15370
10	9420	10850	28260	37400	9420
20	7105	9450	22400	28443	6780
30	7615	8800	8000	11800	6890
40	7410	7400	8050	11500	7110
50	6910	6950	7050	15900	6910
m	Ωm	Ωm	Ωm	Ωm	

Tab. 6. Bergbau Großkogl, SE-Schlag. Eindringtiefe als Funktion des Elektrodenabstands a und der Frequenz f

		100 Hz	1000 Hz	10000 Hz	100000 Hz
$a = 5$	$\varrho_{=} = 15370$	$e = 42690$	1350	427	135
10	9420	3342	1057	334	106
20	6780	2835	897	284	89,6
30	6890	2858	904	286	90,0
40	7110	2903	918	290	91,8
50	6910	2862	905	286	91,0
m	Ωm	m	m	m	m

diese Übereinstimmung nur bis zu Frequenzen von 1 kHz vor. Bei höheren Frequenzen treten Abweichungen bis zu 400% auf. Diese Diskrepanz ist darauf zurückzuführen, daß der spezifische Gleichstromwiderstand mit abnehmender Teufe zunimmt, somit für hohe Frequenzen wegen der mit ihnen verbundenen geringer werdenden Eindringtiefe ein stärkeres Anwachsen von ϱ_g mit f zu erwarten ist, als es etwa nach Gleichung (23) vorgegeben ist.

In Tab. 6 sind die nach Gleichung (12) berechneten Eindringtiefen für Wechselströme als Funktion von a (bzw. $\varrho_{=}$) und f dargestellt.

Für niederfrequente Wechselströme werden Eindringtiefen von einigen km errechnet; e reduziert sich bis auf ca. 100 m für $f = 100000$ Hz. Diese Betrachtungen gelten allerdings nur dann, wenn die in Gleichung (12) eingehenden Gleichstromwerte $\varrho_{=}$ über große Bereiche konstant bleiben — im vorliegenden Fall ist diese Bedingung nicht erfüllt. Wenn die spezifischen Widerstände wie bei den beschriebenen Messungen variieren, wird die Eindringtiefe vorzugsweise durch den spezifischen Widerstand $\varrho_{=} \approx 6{,}9$ kΩm bestimmt, womit sich für e bei 100000 Hz Werte von ca. 90 m ergeben. Gegenüber diesen Werten fallen die für $a = 5$ und 10 m berechneten großen Eindringtiefen kaum ins Gewicht. Die Stromverteilung im Gestein wird inhomogen sein: geringere Stromdichten in Kabelnähe und höhere Stromdichte in größeren Teufen.

Zusammenfassend soll vermerkt werden, daß die dargestellte Theorie sehr gut die Erscheinungen des Skineffekts im Erdboden beschreibt, und zwar qualitativ als auch quantitativ. Um aus Wechselstrommessungen Aussagen über den dem Gestein zuordenbaren spezifischen Widerstand zu erhalten, müßte rechnerisch von einem gemessenen ϱ_g-Wert der Anteil $\varrho_{\sim}$ abgezogen werden.

Die Eindringtiefen lassen sich durch Verwendung von diversen Frequenzen bei konstantem Elektrodenabstand variieren. Somit bietet der Skineffekt (wenn auch in beschränktem Maße) die Möglichkeit zur Tiefensondierung, ohne daß Elektroden versetzt werden müßten. Die Verwendung des Skineffekts für die Sondierung erscheint allerdings nur dann sinnvoll, wenn im Gestein größere Bereiche mit konstantem spezifischem Gleichstromwiderstand vorliegen.

Zusammenfassung

Wenn Wechselströme zur geoelektrischen Widerstandssondierung verwendet werden, ist auch bei homogenen Gesteinsformationen eine Frequenzabhängigkeit des spezifischen Widerstands ϱ_g feststellbar. Es wird eine theoretische Deutung dieser Frequenzabhängigkeit von ϱ_g gegeben. An praktischen Meßbeispielen im Bergbau, Großkogl Reith b. Brixlegg in Tirol, werden die von der Theorie geforderten Zusammenhänge zwischen spezifischem Widerstand und Frequenz nachgewiesen.

Резюме

Если для геоэлектрического зондирования сопротивления применяется переменные токи, тогда и при однородных формациях пород замечается зависимость частоты специфического сопротивления ϱ_g. Дается теоретическое объяснение зависимости частоты от ϱ_g. Потребуемые с теории связи между специфическим сопротивлением и частотой доказываются практическими примерами измерения в горном деле, в Гросскогль Рейт у г. Бриксдегг в Тироли.

Summary

If alternating currents are used for geoelectric resistance sounding, the specific resistance ϱ_g depends on the frequency even in homogeneous rock formations. This frequency dependence of ϱ_g is interpreted theoretically, and practical examples of measurement taken from mining operations at Großkogl Reith, near Brixlegg in the Tyrol, show relations between the specific resistance and frequency as they are demanded by the theory.

Literatur

BITTERLICH, W., & H. WÖBKING: Geoelektrik, Wien–New York 1972.
BUCHHOLZ, H.: Archiv für Elektrotechnik, 29, 741–774 (1935).
MAYR, O.: Elektrotechnische Zeitschrift 1352–1355, 1436–1440 (1925).

Zur Beurteilung der technologischen Effektivität des Betriebs von Erdgasfördersonden

KASCHPAROW, M. M.; ARNOLD, G.; TARUTIN, F. J.; ARNDT, H., Gommern

Erdgas wird vorwiegend zu Heizzwecken und zur Energieerzeugung genutzt. Der aus diesem Grund schwankende, sich dem Tages-, Wochen- und Jahresverlauf anpassende Bedarf wird durch entsprechende Lastfaktoren und Leistungskoeffizienten charakterisiert. Diese Schwankungen in der Gasabnahme wirken sich, durch zwischengeschaltete Speicher mehr oder weniger gedämpft, direkt auf die Fahrweise des produktiven Sondenfonds aus. Das äußert sich dadurch, daß einerseits die Anzahl der Fördersonden nach dem maximal zu erwartenden Bedarf festgelegt werden muß, während andererseits bei Minderabnahme die Sonden in ihrer Förderleistung gedrosselt bzw. ganz geschlossen werden müssen.

Bisher gibt es keine Methode, die es unter derartigen Bedingungen gestattet, eine wirklich objektive und umfassende Einschätzung der technologischen Effektivität des produktiven Sondenfonds zu geben, und die für die Planung des weiteren Abbaus der Lagerstätte, speziell der Entwicklung des Sondenfonds, genutzt werden kann. Gegenwärtig wird die Effektivität des produktiven Sondenfonds nur nach dem Verhältnis zwischen summarer Anzahl der Fördertage der Sonden zur summaren Anzahl der Tage, die die Sonden zum produktiven Sondenfonds gehören, beurteilt. Dieses Herangehen ist sehr einseitig und drückt weder die wirkliche technologische Effektivität der Sonden aus, noch gibt sie Aufschluß über die Art und den Umfang der Stillstandszeiten. Es erscheint somit notwendig, die technologische Effektivität von Fördersonden bzw. des Fördersondenfonds sowohl nach der zeitlichen als auch nach der leistungsmäßigen Auslastung zu beurteilen. Durch ein derartiges Herangehen wird es möglich, die Bedarfsreserve exakt zu ermitteln.

1. Sondeneinsatzkoeffizient

Der Sondeneinsatzkoeffizient τ_i einer Einzelsonde ergibt sich als Verhältnis der möglichen Förderzeit ΔT_i dieser Sonde zu ihrer zeitlichen Zugehörigkeit T_i zum Fördersondenfonds im betrachteten Zeitraum

$$\tau_i = \frac{\Delta T_i}{T_i} \tag{1}$$

Die mögliche Förderzeit ergibt sich als Differenz zwischen kalendermäßiger Zugehörigkeit der Sonde zum Fördersondenfonds und den technisch bedingten Ausfallzeiten für Reparaturarbeiten t_1, Durchführung wissenschaftlicher Programme t_2 und für Inhibierung und Prophylaxe t_3

$$\Delta T_i = T_i - (t_{i,1} + t_{i,2} + t_{i,3}) \tag{2}$$

Die technologisch bedingte Ausfallzeit der Sonden t_4, die durch Schließung wegen Minderabnahme hervorgerufen wird, findet dabei keine Berücksichtigung, da ja in dieser Zeit die Sonde förderbereit ist.

Der Sondeneinsatzkoeffizient des produktiven Sondenfonds im Zeitabschnitt ergibt sich somit als

$$\tau = \frac{\sum_{i=1}^{r} \Delta T_i}{\sum_{i=1}^{r} T_i} \quad \begin{array}{l} i = (1, 2, 3, \ldots, n) \\ \text{Anzahl der Fördersonden} \end{array} \tag{3}$$

der mittlere Sondeneinsatzkoeffizient über mehrere Zeitabschnitte

$$\bar{\tau} = \frac{\sum_{j=1}^{m} \sum_{i=1}^{n} \Delta T_{j,i}}{\sum_{j=1}^{m} \sum_{i=1}^{n} T_{j,i}} \quad \begin{array}{l} j = (1, 2, 3, \ldots, n) \\ \text{Anzahl der Zeitabschnitte} \end{array} \tag{4}$$

Die relative tatsächliche Förderzeit wird unter Berücksichtigung der Ausfallzeit infolge Minderabnahme ermittelt

$$\tau^* = \frac{\Delta T^*}{T}, \tag{5}$$

wobei

$$\Delta T^* = T - (t_1 + t_2 + t_3 + t_4) \tag{6}$$

Zur übersichtlichen Darstellung der Ausfallzeiten ist es sinnvoll, die Verhältnisse zwischen Ausfallzeit pro Ausfallart und zeitlicher Zugehörigkeit zum produktiven Sondenfonds zu nutzen. Somit ergeben sich folgende relative Ausfallzeiten:

$\tau_1 = \frac{t_1}{T}$ relative Ausfallzeit für Havarie- und Reperaturarbeiten,

$\tau_2 = \frac{t_2}{T}$ relative Ausfallzeit für die Durchführung wissenschaftlicher Programme,

Eingang des Manuskripts in der Redaktion: 9. 4. 75.

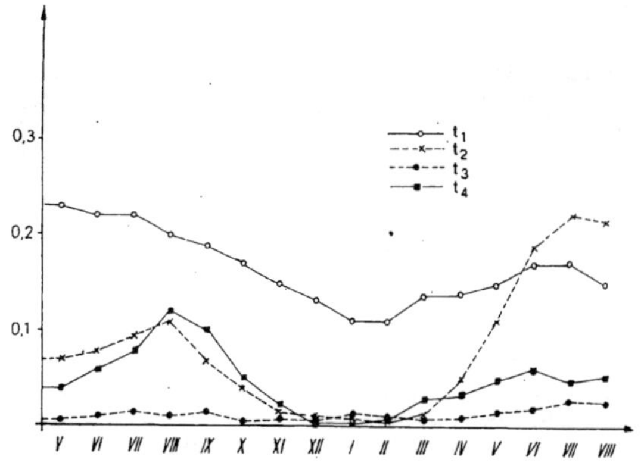

Abb. 1. Zeitbilanz des produktiven Sondenfonds nach relativen Ausfallzeiten

$\tau_3 = \frac{t_3}{T}$ relative Ausfallzeit für Inhibierung und Prophylaxe,

$$\tau_4 = \frac{t_4}{T} \text{ relative Ausfallzeit für Minderabnahme.} \quad (7)$$

Der Verlauf der einzelnen Ausfallzeiten während eines Zeitraums von ca. $1^1/_2$ Jahren wird für ein Beispiel in Abb. 1 dargestellt.

Aus Abb. 1 ist gut ersichtlich, daß der Sondeneinsatzkoeffizient eines Erdgasfeldes im wesentlichen durch die Forderung der Abnehmer geprägt wird. So haben die Ausfallzeiten für Reparaturarbeiten und für wissenschaftliche Untersuchungen ihre maximalen Werte in den Sommermonaten, während sie in den Wintermonaten (erhöhter Gasbedarf) ein Minimum durchlaufen. Durch gezielte Maßnahmen im Reparaturdienst und in der Fahrweise der Sonden wurde dann in der zweiten Hälfte des betrachteten Zeitabschnitts eine Verringerung der Ausfallzeiten für Reparaturen und Minderabnahme zugunsten der Durchführung wissenschaftlicher Untersuchungen erreicht.

2. Auslastungsgrad der Fördersonden

Fast jede Fördersonde ist in einem bestimmten Bereich der Fördermenge regelbar, so daß zeitlich begrenzte geringe Schwankungen in der Gasförderung durch Regimekorrekturen der Sonden ausgeglichen werden können. Da die mengengeregelten Sonden dabei nicht abgeschaltet werden, ist die Ermittlung der technologischen Effektivität über die Fördermengen notwendig. Das Verhältnis der tatsächlichen Fördermenge Q_t zur technologisch möglichen Fördermenge Q_m im gleichen Zeitabschnitt bezeichnen wir als Auslastungsgrad η_i der Fördersonde

$$\eta_i = \frac{Q_{ti}}{Q_{mi}} \quad (8)$$

Die technologisch mögliche Fördermenge errechnet sich aus der festgelegten Regimevorgabe q_i und der möglichen Förderzeit ΔT_i

$$Q_{mi} = q_i \cdot \Delta T_i$$

Der Auslastungsgrad des produktiven Sondenfonds beträgt

$$\eta = \frac{\sum_{i=1}^{n} Q_{ti}}{\sum_{i=1}^{n} Q_{mi}} \quad (9)$$

und der mittlere Auslastungsgrad des produktiven Sondenfonds über mehrere Zeitabschnitte

$$\bar{\eta} = \frac{\sum_{j=1}^{m} \sum_{i=1}^{n} Q_{ti,j}}{\sum_{j=1}^{m} \sum_{i=1}^{n} Q_{mi,j}} \quad (10)$$

Zur Einschätzung der Förderdisziplin, d. h. der Einhaltung der vorgegebenen Leistungsparameter der Sonden, besonders in Spitzenbelastungszeiten, kann der Charakter der Sondenfahrweise dienen. Er ergibt sich aus dem Verhältnis der tatsächlichen Förderung Q_t zur tatsächlich möglichen Förderung Q_m^*. Die tatsächlich mögliche Förderung ist dabei als Produkt aus vorgegebener Tagesfördermenge q_i und der tatsächlichen Förderzeit ΔT_i^* zu verstehen

$$\eta_i^* = \frac{Q_{ti}}{Q_{mi}^*} \quad (11)$$

Analog ergeben sich die Werte für den gesamten produktiven Sondenfonds. Tritt der Fall auf, daß $\eta^* > 1$, so liegt eine Regimeerhöhung über dem Vorgabewert vor. Die Entwicklung für η und η^* über einen Zeitraum von 16 Monaten ist für das betrachtete Beispiel aus Abb. 2 ersichtlich.

3. Kapazitätskoeffizient der Fördersonden

Der Kapazitätskoeffizient ξ widerspiegelt die tatsächliche technologische Effektivität der Fördersonden, bzw. des produktiven Sondenfonds. Er stellt sich als Produkt zwischen Sondeneinsatzkoeffizient und Auslastungsgrad dar und beinhaltet sowohl die zeitliche als auch die mengenmäßige Auslastung der Fördersonden

$$\xi = \eta \cdot \tau$$

oder

$$\xi = \eta^* \cdot \tau^*$$

und als Mittelwert oder über mehrere Zeitabschnitte

$$\bar{\xi} = \bar{\eta} \cdot \bar{\tau} \quad (12)$$

Physikalisch beinhaltet der Kapazitätskoeffizient das Verhältnis der tatsächlichen Fördermenge zur Fördermenge, die sich ergeben würde, wenn die Sonden an allen Tagen mit der festgelegten Tagesfördermenge q_i gefördert hätten

$$\xi = \frac{Q_t}{\sum_{i=1}^{n} q_i \cdot T_i} \quad (13)$$

In Abb. 2 ist die Entwicklung der einzelnen Effektivitätsparameter τ und η und des Kapazitätskoeffizienten ξ als

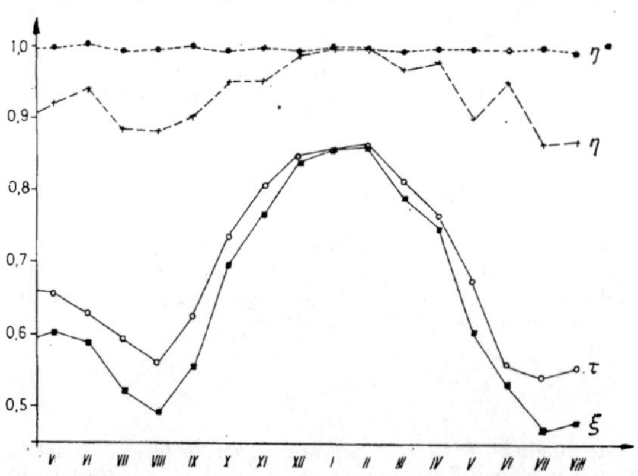

Abb. 2. Effektivitätsparameter des produktiven Sondenfonds

Ausdruck der technologischen Effektivität für den produktiven Sondenfonds in einem Zeitraum von 16 Monaten dargestellt. Es ist zu sehen, daß der Regelbereich der Sonden in den Sommerperioden 14% nicht übersteigt, während in dieser Zeit die technologische Effektivität auf einen Wert von ca. 50% zurückgeht. In der Winterspitze dagegen erreicht die technologische Effektivität einen maximalen Wert von 86%. Daß die Förderdisziplin während des untersuchten Zeitraums eingehalten wurde, ist daraus zu erkennen, daß die Werte für η^* nur unwesentlich von 1 abweichen. Für den Zeitraum vom 1. 7. bis zum 30. 6. des folgenden Jahres ergeben sich für das betrachtete Beispiel folgende Werte:

	τ	η	ξ
Jahresmittel	0,726	0,938	0,686
Maximalwert	0,865	1,000	0,863
Minimalwert	0,560	0,858	0,471

4. Förderreservefaktor

Bei der Projektierung und bei der Nachprojektierung von Erdgaslagerstätten ist es wichtig, die Sondenanzahl zu ermitteln, die unter Beachtung der Fördertechnologie ausreichend ist, die Anforderungen der Verbraucher bei vorgegebenem Lastfaktor voll abzudecken. Da die technologische Effektivität des Förderfelds jahreszeitlichen Schwankungen unterliegt, ist es sinnvoll, die benötigte Sondenanzahl auf der Grundlage der projektierten jährlichen Entnahme, der mittleren täglichen Sondenleistung und des Förderreservefaktors zu ermitteln.

$$n = \frac{Q \cdot \varrho}{365 \cdot \bar{q}} \qquad (14)$$

wobei n = benötigte Anzahl von Fördersonden,
Q = jährliche projektierte Gasentnahme,
$\bar{q}$ = mittlere tägliche Sondenleistung,
ϱ = Förderreservefaktor.

Der Förderreservefaktor stellt dabei einen konstanten Faktor dar, der die über das gesamte Jahr auftretenden Förderausfälle berücksichtigt

$$\varrho = \frac{\bar{\eta}}{\bar{\tau}^*} \qquad (15)$$

Bisher war es üblich, zur Berechnung der notwendigen Sondenzahl einen Korrekturfaktor einzusetzen, der lediglich die Ausfallzeiten der Sonden erfaßte.

$$\varrho' = \frac{1}{\bar{\tau}^*} \qquad (16)$$

Die Anwendung eines derartig ermittelten Förderreservefaktors, auf dessen Basis auch die bisher übliche mittlere Förderdauer pro Sonde und Jahr ermittelt wurde, erscheint uns wesentlich zu hoch, da die versteckte Förderreserve, die im Auslastungsgrad η enthalten ist, nicht berücksichtigt wurde.

Eine andere Möglichkeit zur Ermittlung der benötigten Sondenanzahl ergibt sich, wenn bereits Erfahrungen über die maximal zu erreichende technologische Effektivität vorliegen und der maximale jährliche Lastfaktor bekannt ist.

$$n = \frac{Q \cdot K_{max}}{356 \cdot \bar{q} \cdot \xi_{max}} \qquad (17)$$

wobei K_{max} — maximaler jährlicher Lastfaktor,

$$K_{max} = \frac{Q_{t\,max} \cdot 365}{Q}$$

$Q_{t\,max}$ — Maximale tägliche Förderung im Jahr,
ξ_{max} — maximal erreichbare technologische Effektivität im Spitzenbedarfszeitraum.

Die nach (14) und (17) berechneten Werte für n sind nicht unmittelbar miteinander vergleichbar. Die nach (14) berechnete Sondenzahl garantiert die geplante Gasentnahme aus der Lagerstätte unter Berücksichtigung aller technologisch bedingten Ausfallzeiten und der übers Jahr pauschal gemittelten Förderreduzierungen durch Minderabnahme. Die nach (17) berechnete Anzahl von Fördersonden dagegen garantiert die Abdeckung des Spitzenbedarfs bei einem zeitlich begrenzten Minimum an Förderausfall.

Bei Projektierungsarbeiten sollte deshalb folgendermaßen verfahren werden: Im Anfangsstadium des Abbaus wird die benötigte Sondenzahl nach (14) ermittelt. Der Förderreservefaktor ist dabei entsprechend dem Förderreservefaktor einer bekannten vergleichbaren Lagerstätte anzusetzen.

Liegt genügend Faktenmaterial über die Lagerstätte vor und ist der maximale Lastfaktor mit dem Abnehmer vertraglich gebunden, so ist die benötigte Sondenanzahl nach Formel (17) zu präzisieren. Für die Planung der Nachfolgebohrungen ist der maximale Wert der nach beiden Gleichungen ermittelten Sondenanzahl anzusetzen.

5. Schlußfolgerungen

1. Die vorgeschlagene Methode gibt die Möglichkeit, die Stillstandszeiten der Fördersonden nach ihren Ursachen zu trennen, zu analysieren und somit zielgerichtet auf sie einzuwirken.

2. Mit Hilfe der vorgeschlagenen Methode lassen sich der Sondeneinsatzkoeffizient, der Auslastungsgrad und die technologische Effektivität des produktiven Sondenfonds für beliebige Zeitabschnitte berechnen.

3. Mit Hilfe der technologischen Förderreserve und des durch den Verbraucher vorgegebenen maximalen Lastfaktors läßt sich wissenschaftlich begründet die Anzahl von Fördersonden ermitteln, die eine normale Arbeit des Förderfelds garantieren.

4. Die vorgeschlagene Methode sollte für die Analyse des Abbaus von Erdgaslagerstätten sowie für die Nachprojektierung des Abbaus vorhandener und die Projektierung neuer Erdgaslagerstätten verwendet werden.

Zusammenfassung

Es wird eine Methodik für eine objektive und umfassende Einschätzung der technologischen Effektivität des produktiven Sondenfonds vorgeschlagen. Sie kann für die Analyse des Abbaus von Erdgaslagerstätten sowie für die Nachprojektierung des Abbaus vorhandener und die Projektierung neuer Erdgaslagerstätten verwandt werden.

Резюме

Рекомендуется методика объективной и обширной оценки технологической эффективности всех действующих скважин. Она применяема для анализа разработки газовых месторождений как и для перепроектирования разработки имеющих и для проектирования новых газовых месторождений.

Summary

A technique suggested for estimating objectively and comprehensively the technological efficiency of the productive well fund can be used for analysing the exploitation of natural gas deposits, as well as for making a second project of the exploitation of existing deposits and for projecting new ones.

Vorschlag für eine geomechanisch-geophysikalische Erkundungskonzeption zur Ermittlung der Verformungseigenschaften des Gebirges

STÖTZNER, ULRICH, Leipzig

Entsprechend dem Stand der Erkenntnis über das Verformungsverhalten des Festgesteins im Gebirgsverband wird die felsmechanische Kennwertermittlung in zunehmendem Maße mit Hilfe geostatischer in-situ-Versuche erfolgen, da diese dem komplizierten Aufbau realer Gebirgskörper (Inhomogenität, Anisotropie, Rheologie) am besten gerecht werden. Wegen des relativ großen Aufwands derartiger Versuche wird ihre Anzahl stets begrenzt sein, so daß die Ergebnisse nur als Stichproben aus einem größeren Bereich angesehen werden können. Hierbei kann der Einsatz geophysikalischer Messungen in Verbindung mit der geomechanischen Erkundung die Sicherheit der Aussage erhöhen, da es die geophysikalischen Untersuchungen ermöglichen, ein vorgegebenes Areal beliebig dicht nach seinen physikalischen Eigenschaften zu beschreiben.
In der Vergangenheit beschränkten sich geophysikalische Messungen für felsmechanische Probleme meist auf die Ermittlung dynamischer bzw. seismischer Elastizitätsmoduln aus Longitudinal- und Transversalwellengeschwindigkeit. Vergleichende statische in-situ-Messungen ergaben Unterschiede, die auf das inelastische Verhalten des Gebirges zurückgeführt werden. Nach experimentellen Ergebnissen von LINOWSKI (1969) kann das Verhältnis $E_{dyn}/E_{stat} = 1 \cdots 20$ betragen. Als Ursache dafür werden der Einfluß der Inhomogenität des Gebirgskörpers (unterschiedlich großer Wirkungsbereich der seismischen und statischen Verfahren), das rheologische Verhalten des Gesteins (unterschiedliche Zeiteinwirkung, Verschiebungsbeträge und Größen der Krafteintragung), der Einfluß des Porenwassers und das thermodynamische Verhalten des Gesteins (die statische Deformation verläuft isotherm, die elastische Wellenausbreitung dagegen adiabatisch) angegeben.

Eine Analyse des gegenwärtigen Stands geophysikalischer Untersuchungen zur felsmechanischen Kennwertermittlung macht deutlich, daß sich zur Zeit ein Umbruch in der grundsätzlichen Betrachtungsweise vollzieht, der vor allem durch die Einführung rheologischer Gesichtspunkte in die Felsmechanik auch prinzipielle Auswirkungen auf die geophysikalische Aussage hat. So erscheint die Ermittlung eines dynamischen oder seismischen Elastizitätsmoduls in Anbetracht der beträchtlichen Abweichungen gegenüber den statischen Verformungskennziffern und in Abhängigkeit von der verwendeten Frequenz fragwürdig. In jüngster Zeit ist deshalb international die Tendenz zu beobachten, daß demgegenüber einer empirischen Aufstellung von Verformungs-Geschwindigkeits-Beziehungen der Vorzug gegeben wird, wobei die Ermittlung der genau und einfach zu messenden Longitudinalwellengeschwindigkeit genügt. Hierbei sollte jedoch nicht als einziger geophysikalischer Parameter die Geschwindigkeit in Betracht gezogen werden. Wie eigene Untersuchungen (STÖTZNER 1974) zeigten, ermöglicht eine Komplexauswertung mit geoelektrischen Widerstandsmessungen eine bessere Charakterisierung des Gebirgskörpers. Eine Beurteilung der mechanischen Eigenschaften allein an Hand von Widerstandsmessungen erscheint demgegenüber fragwürdig, da z. B. die Kluftfüllung oder die Mineralzusammensetzung den spezifischen Widerstand in unterschiedlicher Richtung entscheidend beeinflussen kann, ohne daß dies für die geomechanischen Eigenschaften von Bedeutung zu sein braucht.

Zur geophysikalischen Determinierung von Festgestein im Gebirgsverband im Hinblick auf eine ingenieurgeologische und geomechanische Struktur- und Kennwertermittlung hat sich der komplexe Einsatz von Widerstands- und Geschwindigkeitsmessungen als zweckmäßig erwiesen. Die Ergebnisse von Widerstandsmessungen spiegeln bevorzugt die unterschiedlich starken tektonischen Überprägungen, den Gesteinswechsel sowie die Verwitterungsgrade wider, wobei Änderungen der fluiden Phase bestimmend sind. Die Geschwindigkeitsmessungen bringen vor allem Eigenschaften der Gerüstsubstanz zum Ausdruck, wie z. B. Auflockerung, Anisotropie und Spannungsumlagerungen.

Durch eine komplexe Interpretation der geophysikalischen Parameter ϱ und v_p, d. h., durch eine quantitative Ermittlung ihrer Beziehungen untereinander mit Hilfe einer Korrelationsanalyse kann ein höherer Informationsgewinn im Sinne der Aufgabenstellung erzielt werden. Als zusätzlicher Interpretationsparameter gibt der Korrelationskoeffizient R der Funktion $\varrho = f(v_p)$ Auskunft über die gegenseitige Abhängigkeit der genannten Meßgrößen. Mit Hilfe eines ortsabhängigen Korrelationskoeffizienten ist es möglich, Gebirgsbereiche, die in ihrem physikalischen Verhalten gleichartig sind (sogenannte Quasihomogenbereiche), voneinander abzugrenzen (z. B. Auflockerungs- und Entspannungszonen gegenüber dem unverritzten Gebirge).

Zur geologischen Interpretation solcher Quasihomogenbereiche kann darüber hinaus die Regressionsbeziehung beitragen, sofern ein statistisch gesicherter funktioneller Zusammenhang existiert. Festgesteine im Gebirgsverband besitzen keine allgemeingültige Widerstands-Geschwindigkeits-Beziehung. Für einzelne Gesteinsarten, -ausbildungen und Lagerungsbedingungen gibt es charakteristische Regressionsfunktionen. Es hat sich gezeigt, daß diese physikalisch bedingten charakteristischen Unterschiede der verwendeten Meßgrößen und ihrer gegenseitigen Abhängigkeit für die Beurteilung des geomechanischen Verhaltens des Gebirges von Bedeutung sind.

Aus dieser Erkenntnis heraus wird der folgende Weg für die geomechanische Erkundung eines Gründungsreals oder eines Untertagebauwerks unter Einbeziehung geophysikalischer Untersuchungsverfahren vorgeschlagen:

1. Auswahl von repräsentativen Standorten für geomechanische Versuche nach einer vorherigen ingenieurgeologischen Kartierung und nach Ergebnissen vorangegangener qualitativer geophysikalischer Messungen.

Eingang des Manuskripts in der Redaktion: 10. 10. 1974.

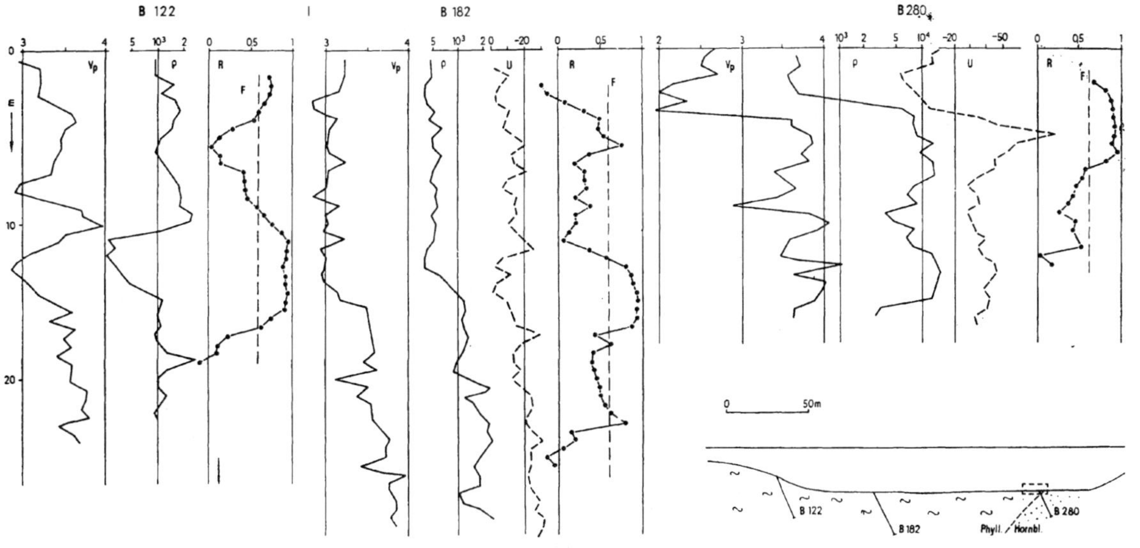

Abb. 1. Ingenieurgeophysikalische Bohrlochmessungen

v_p — Longitudinalwellengeschwindigkeit (km/s); ϱ — spezifischer elektrischer Widerstand (Ωm); U — Filtrationspotential (mV); R — Korrelationskoeffizient zwischen ϱ und v_p; F — Signifikanzschwelle

2. Empirische Ermittlung von Beziehungen zwischen felsmechanischen und geophysikalischen Parametern durch zielgerichtet angeordnete Messungen im Versuchsreal.

3. Übertragung der geotechnisch ermittelten Kennwerte mit Hilfe der empirisch ermittelten Beziehungen auf einen bestimmten Bereich.

Im folgenden soll die vorgeschlagene Konzeption am Beispiel der Erkundung des Baugrunds einer bestehenden Talsperre mit dem Ziel einer Standsicherheitskontrolle und Sanierung demonstriert werden.

Der Untergrund des Untersuchungsgebiets besteht aus Phylliten, die mehrmals tektonisch überprägt und stark geklüftet sind (Abb. 1). Sie besitzen im allgemeinen einen geringen Entfestigungsgrad und sind nur oberflächennah zu Tonschiefern bis phyllitischen Tonschiefern verwittert. Als Einlagerungen treten Hornblendenschiefer auf, die infolge leicht lösbarer Komponenten ($CaCO_3$, FeS_2) durch die aggressiven Wässer tiefgründig zersetzt sind.

In den von einem Kontrollgang aus niedergebrachten Hammerbohrungen wurden geoelektrische und seismische Bohrlochmessungen ausgeführt (Abb. 1). Die Geschwindigkeits- und Widerstandskurven zeigen häufig einen kovarianten Verlauf, wobei ausgeprägte Indikationen entweder auf zersetzten Phyllit (Minimum) oder auf Hornblendeschiefereinlagerungen (Maximum) hindeuten. Im Bereich solcher Wechsellagerungen ist mit einem hohen Korrelationskoeffizienten zu rechnen, da sich hier beide Parameter in gleicher Weise ändern (siehe z. B. B 122/10—15 m, B 182/12—16 m, B 280/2—6 m). In den Mauerbohrungen erfolgte zusätzlich die Messung des Filtrationspotentials. Die Kurven zeigen eine deutliche Kontravarianz zu v_p und ϱ. Das dürfte vor allem durch Filtrationsvorgänge verursacht sein, wobei in zersetzten Gesteinsbereichen (Minimum in v_p und ϱ) Wasser austritt, d. h. Maxima in U auftreten.

Unter Berücksichtigung der geologischen Verhältnisse und mit der Kenntnis der geophysikalischen Situation konnte das Areal für felsmechanische Großversuche gezielt im Bereich der Grenze zwischen Phyllit und Hornblendenschiefer angeordnet werden. In Abb. 2 sind die Ergebnisse seismischer und geoelektrischer Bohrlochmessungen und deren Komplexinterpretation dargestellt. Diese Untersuchungen erfolgten im Versuchsareal vor der Mauer im Bereich der Gründungssohle.

Die Bohrlochwiderstandsmessungen (*b*) geben ein klares Bild der Struktur des Untergrunds, wobei die Phyllite mit niedrigen Widerständen, die Einlagerung von Hornblendenschiefer als schlechtleitfähiger Komplex in Erscheinung treten. Die Geschwindigkeiten (*c*) zeigen eine ähnliche Tendenz, jedoch kommen hierbei die Gesteinsgrenzen nicht so klar zum Ausdruck.

Der Korrelationskoeffizient (*e*) zwischen ϱ und v_p ist im Bereich des Phyllits längs einer größeren Kluft (B 7—9) und längs einer vermutlichen Trennfläche (Minimum an Kerngewinn), die flach unter dem Hornblendenschiefer bzw. durch diesen verläuft, sehr niedrig ($R < 0{,}5$). Demgegenüber ist im Grenzbereich zwischen Phyllit und Hornblendenschiefer eine statistisch gesicherte Korrelation zwischen ϱ und v_p möglich.

Dies ergibt sich aus der Tatsache, daß sich hier beide Parameter in gleicher Weise ändern. Eine Betrachtung der ortsabhängigen Regressionskoeffizienten (*f*) läßt dennoch Unterschiede zwischen den einzelnen Gebirgsbereichen erkennen. Während der Phyllit durch einen steilen Anstieg der Regressionsgeraden charakterisiert ist, zeichnet sich der Hornblendenschiefer durch einen kleineren Regressionskoeffizienten aus. Der Übergangsbereich weist dementsprechend einen mittleren Wert *B* auf. Der Vergleich der Stichproben 1 und 2 in Abb. 3 demonstriert diesen Unterschied im Regressionsverhalten. Diese umfangreichen geophysikalischen Voruntersuchungen und deren Komplexinterpretation dienen letztlich dem Ziel der Aufstellung von Korrelationsbeziehungen zu felsmechanischen Kennwerten.

Eine direkte Korrelationsmöglichkeit, d. h. ein Vergleich der Ergebnisse zweier Verfahren, deren Wirkungs-

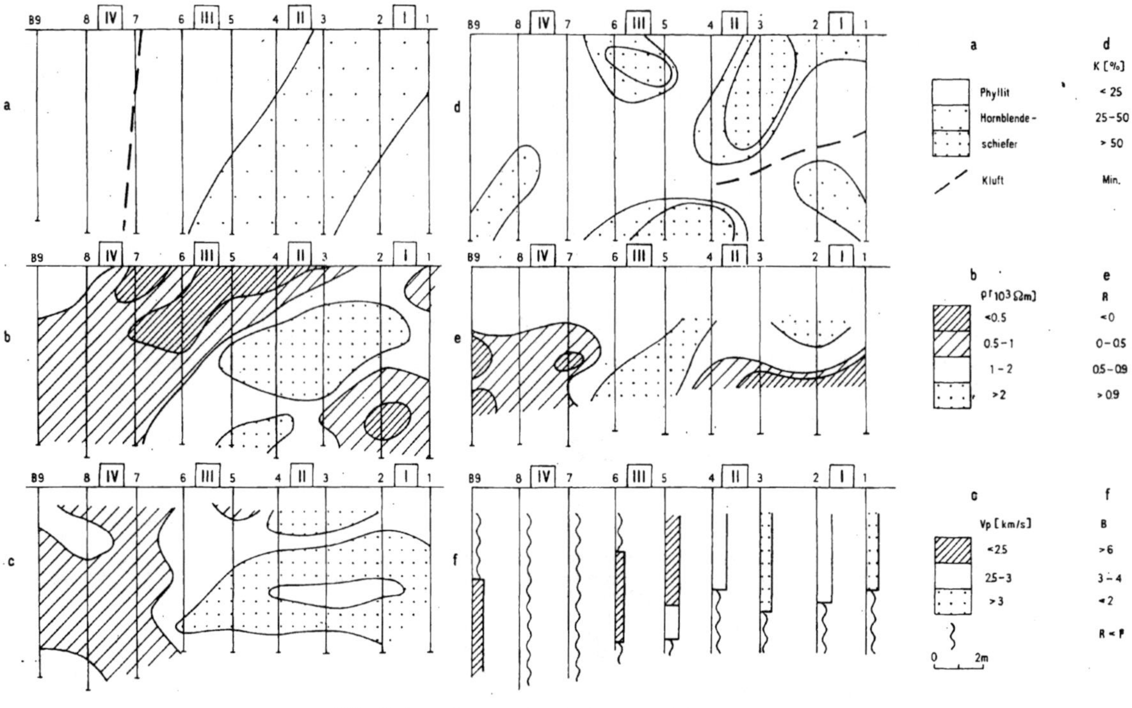

Abb. 2. Ingenieurgeophysikalische Bohrlochmessungen
a – Geologie; *b* – Widerstandsmessung; *c* – Geschwindigkeitsmessung; *d* – Kerngewinn; *e* – Korrelationskoeffizient; *f* – Regressionskoeffizient

bereich (Ausdehnung des untersuchten Raumelements) und Auflösungsvermögen nahezu gleich sind, bietet sich mit geophysikalischen Bohrlochmessungen und Bohrlochdilatationsmessungen in der gleichen Bohrung an. Hierbei werden die aus den strain-stress-Kurven berechneten Verformungs- und Entlastungsmoduln in Beziehung zu den am gleichen Ort gemessenen Longitudinalwellengeschwindigkeiten v_p gesetzt.

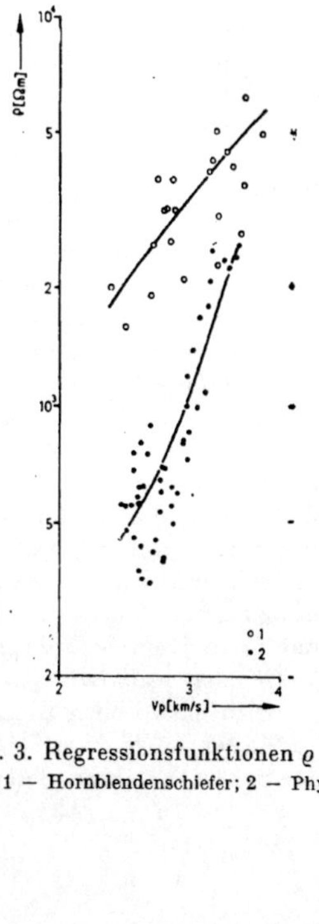

Abb. 3. Regressionsfunktionen $\varrho = f(v_p)$
1 – Hornblendenschiefer; 2 – Phyllit

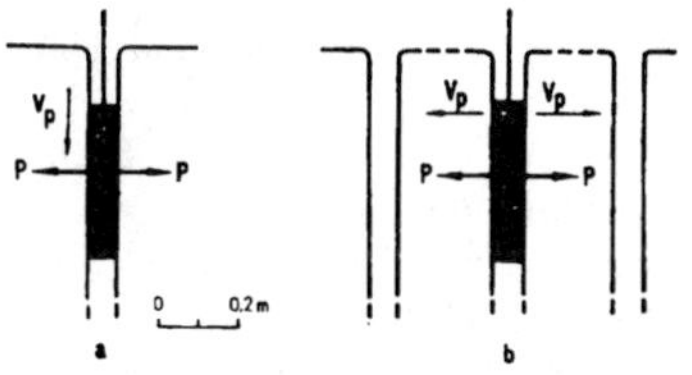

Abb. 4. Anordnungen zur Korrelation zwischen Bohrlochverformungs- und Geschwindigkeitsmessungen
a – Intervallmessungen; *b* – Durchschallungen

In Abb. 4 sind die prinzipiell möglichen Meßanordnungen dargestellt. Steht nur eine Bohrung zur Verfügung (*a*), erfolgt eine seismische Intervallmessung. Diese Anordnung hat den Nachteil, daß Wellenausbreitungs- und Druckrichtung senkrecht aufeinander stehen, so daß Anisotropieeffekte vernachlässigt werden müssen. Demgegenüber bietet eine Anordnung mit zwei oder mehr parallelen Bohrungen (*b*) die Möglichkeit der Durchschallung, so daß Wellenausbreitung und Lasteintragung in der gleichen Richtung erfolgen.

In den Bohrungen des erwähnten Versuchsreals wurden mit der Druckpatrone nach ROTTER (1967) Verformungs- und Elastizitätsmodul ermittelt, die in Abb. 5 als Funktion der jeweils im gleichen Bohrloch an derselben Stelle gemessenen Longitudinalwellengeschwindigkeit dargestellt sind. Es ist deutlich zu erkennen, daß der Elastizitätsmodul einen engeren Zusammenhang mit den Longitudinalgeschwindigkeiten aufweist als der Verformungsmodul. Während bei diesem die Streuung der Wertepaare größer ist, läßt sich für den *E*-Modul eine Aussonderung nach den Ergebnissen der vorangegangenen Widerstandsmessung (vgl. Abb. 2) von

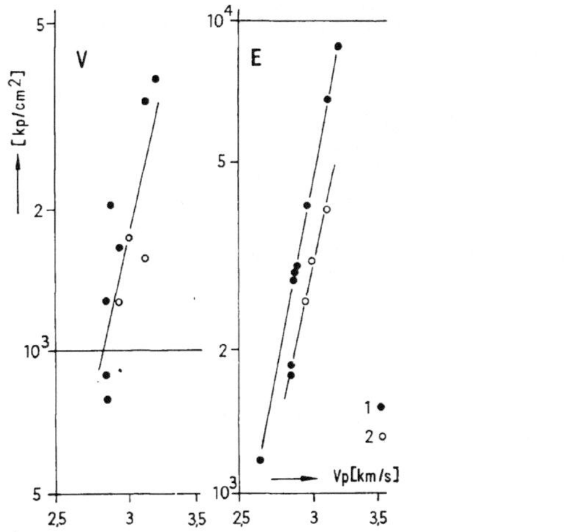

Abb. 5. Verformungsverhalten als Funktion der Geschwindigkeit nach Bohrlochdilatationsmessungen
1 – $\varrho < 10^3$ (Ωm); 2 – $\varrho > 10^3$ (Ωm) Übergang z. Hornblendeschiefer

Phyllit ($\varrho < 10^3$ Ohmmeter gegenüber dem Übergangsbereich zu Hornblendenschiefer $\varrho > 10^3$ Ohmmeter) vornehmen. In Anlehnung an die geophysikalische Komplexinterpretation (Abb. 3) charakterisiert der Regressionskoeffizient B der Funktion $\varrho = f(v_p)$ das unterschiedliche Niveau der zwei Beziehungen $E = f(v_p)$, womit eine im statistischen Sinne strengere Fassung der empirischen Abhängigkeit erreicht wird.

Eine weitere Möglichkeit der Korrelation zwischen geostatischen Verformungs- und geophysikalischen Parametern besteht in Verbindung mit felsmechanischen Großversuchen. Zu diesem Zweck erfolgten in dem vom jeweiligen Versuch erfaßten Gebirgsbereich geophysikalische Bohrlochmessungen, deren Anordnung in Abb. 6 für Druckstempel- (a) und Großblockversuche (b) dargestellt ist. Hierbei erhebt sich die Frage nach der Reichweite des Druckversuchs bzw. nach dem Einfluß der Auflockerungszone, um einen für das Versuchsergebnis repräsentativen Geschwindigkeitswert den Verformungskennziffern gegenüberzustellen.

Um sowohl die Geschwindigkeit im unverritzen Gebirge als auch den Einfluß von Auflockerungs-, Hochdruck-, Kluft- und Störzonen zu berücksichtigen,

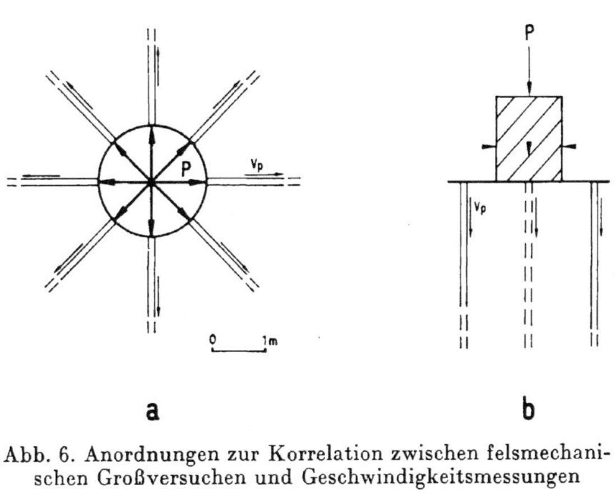

Abb. 6. Anordnungen zur Korrelation zwischen felsmechanischen Großversuchen und Geschwindigkeitsmessungen
a – Druckstempelversuch; b – Großblock-Druckversuch

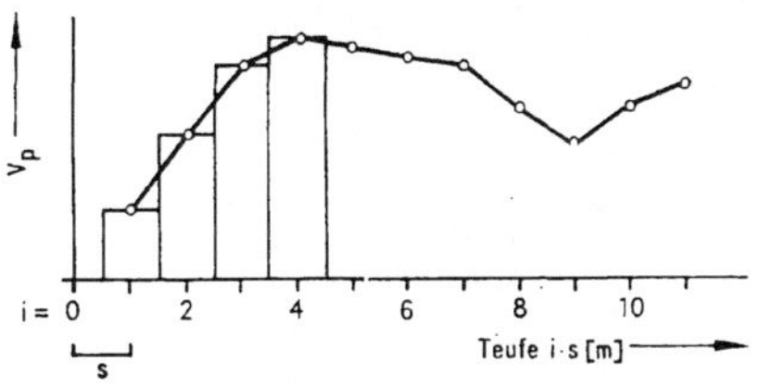

Abb. 7. Prinzip der Bestimmung eines mittleren Geschwindigkeitswertes für das Teufenintervall
s = Schrittweite

wird der Flächeninhalt unter der Bohrloch-Geschwindigkeitskurve (Abb. 7) als Maß angenommen und den an der entsprechenden Stelle gemessenen Verformungsparametern zugeordnet. Da die tatsächliche Tiefenreichweite des Großversuchs zunächst unbekannt ist, wird eine schrittweise Erweiterung des Teufenintervalls für jeden Versuch vorgenommen, d. h., der Einfluß der Auflockerungszone geht allmählich zurück, während der Geschwindigkeitswert des unverritzen Gebirges immer mehr angenähert wird, wobei zwischengelagerte Kluft- und Störungszonen entsprechende Berücksichtigung finden. Für jedes Teufenintervall erfolgt eine Regressionsanalyse zwischen allen gleichartigen Verformungsparametern einer Versuchsserie und den entsprechenden Flächenanteilen unter der Geschwindigkeitskurve, die noch auf ein vergleichbares Einheitsteufenintervall normiert werden müssen. Diese Regressionsanalyse mit schrittweise zunehmender Teufenreichweite wird durchgeführt, um die tatsächliche Tiefe des Wirkungsbereichs der Großversuche zu ermitteln. Wir gehen dabei von der Annahme aus, daß zwischen Verformungsparametern und Geschwindigkeiten einer Stichprobe eine funktionelle Abhängigkeit besteht, deren beste Näherung mit Hilfe der mobilen Teufenreichweite als die Regressionsfunktion mit dem Minimum der Streuung in Abhängigkeit von der Teufe gesucht wird. An Hand von Beispielen aus der Literatur (ENESCU 1970; KUJUNDZIC 1970; GOLODKOVSKAJA 1970) und eigenen Erfahrungen kann für die Beziehung zwischen den Verformungsparametern und der Geschwindigkeit eine Exponential-Funktion der Gestalt

$$E = A \cdot v_p^B$$

als beste Näherungsfunktion angenommen werden. Die Berechnung der Regressionsanalyse erfolgt nach dem Programm EVAUCORR (LICHTE), (Abb. 8).

Diese Art der Korrelation zwischen geophysikalischen und felsmechanischen Parametern erfolgt mit den bei felsmechanischen Großversuchen erhaltenen Ergebnissen. Die dabei erhaltenen Kennziffern sind stets von der Art des geostatischen Feldversuches abhängig. So kann z. B. der Verformungsmodul nach sechs verschiedenen Verfahren bestimmt werden (PFÖRR 1971). Da es nicht Aufgabe des Geophysikers sein kann, in die Diskussion über die Bewertung geomechanischer Versuche einzugreifen, wurde das Programm EVAUCORR zur Regressionsanalyse zwischen geophysikalischen und felsmechanischen Parametern so ausgelegt, daß mehrere statische Kenngrößen Berücksichtigung finden können. Bei allen verwendeten statischen Versuchen gelangen der Belastungsmodul aus der Gesamtverformung als

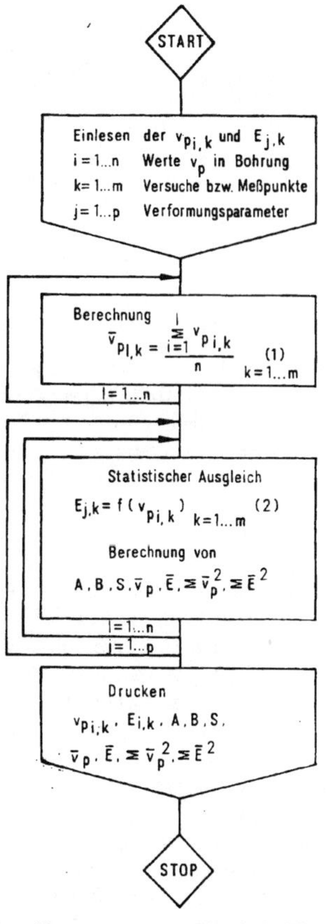

Abb. 8. Strukturdiagramm zur seismisch-felsmechanischen Regressionsanalyse (EVAUCORR)

Sekantenmodul

$$V = \frac{\sigma_2(1+\nu)}{\varepsilon_2} \qquad \nu = \text{Poisson-Zahl}$$

sowie die Entlastungsmoduln aus dem elastischen Verformungsanteil

$$E = \frac{\sigma(1+\nu)}{\varepsilon - \varepsilon'}$$

für die einzelnen Belastungszyklen sowie deren Mittelwert zur Auswertung (Bild 9).

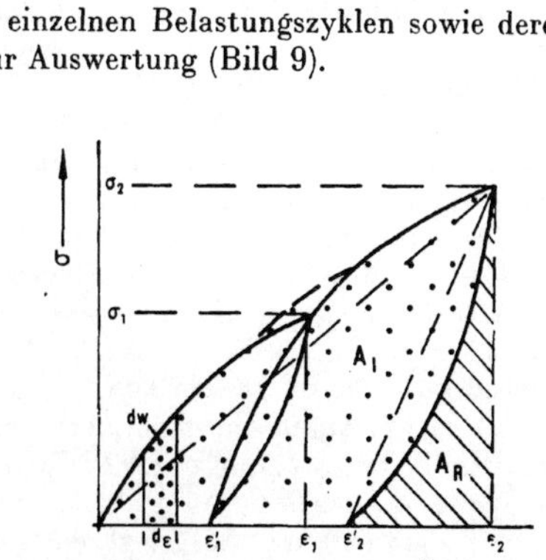

Abb. 9. Strain-stress-Diagramm zur Ermittlung felsmechanischer Kennziffern

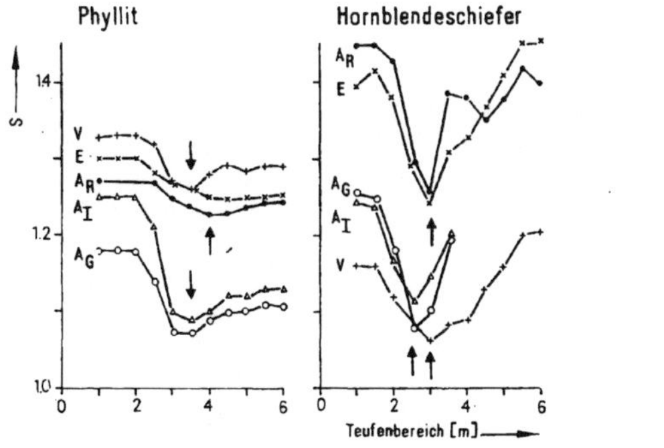

Abb. 10. Streuung der Regressionsfunktionen zwischen Verformungsparametern und Geschwindigkeit nach Großblockdruckversuchen

Die Berechnung dieser Parameter erfolgt auf der Grundlage konventioneller Modelle der Elastizitätstheorie. Tatsächlich ist aber der Elastizitätsmodul — wie eingangs erwähnt — kein den Gebirgskörper charakterisierender felsmechanischer Materialparameter, sondern die Interpretation der felsmechanischen Versuche kann nur mit Hilfe komplizierter rheologischer Modelle erfolgen. Das Gestein im Gebirgsverband ist vor allem durch Poren und Klüfte an den Mineralgrenzen anisotrop. Bei Belastung werden die Klüfte geschlossen, oder an den Trennflächen kommt es zu Gleitungen, je nach Richtung des Lastangriffs, was eine irreversible Verformung zur Folge hat. Dabei bewirkt das Schließen der Risse die Nichtlinearität, und das Gleiten führt zu Hysteresiserscheinungen. Die Poren bleiben offen, werden aber deformiert, was den elastischen Anteil der Verformung ausmacht. Darüber hinaus kann die Festsubstanz elastische und rheologische Verformungen erfahren. Um alle diese rheologischen Eigenschaften, d. h. nichtlineare Elastizität, Plastizität und Viskosität zu berücksichtigen, wird in die vergleichenden Betrachtungen die räumliche Verformungsarbeit einbezogen, die durch die Fläche unter der strain-stress-Kurve dargestellt wird (REINER 1969). Sie kann getrennt für den irreversiblen (A_I) und den reversiblen Anteil (A_R) ermittelt werden (Abb. 9). Die Summe aus beiden ergibt die gesamte Verformungsarbeit

$$A_G = A_I + A_R$$

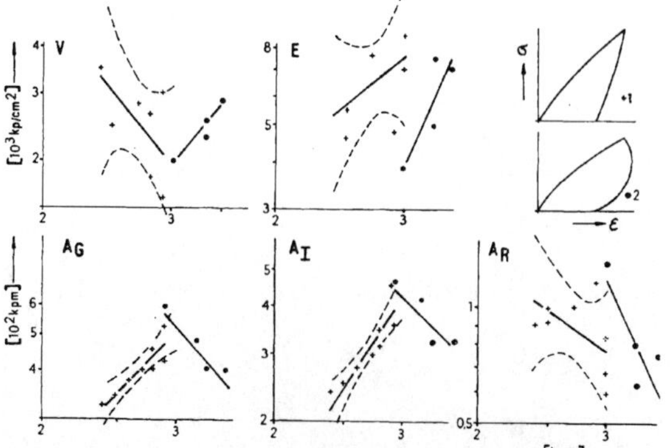

Abb. 11. Verformungsverhalten als Funktion der Geschwindigkeit nach Großblockdruckversuchen
1 – Phyllit; 2 – Hornblendeschiefer

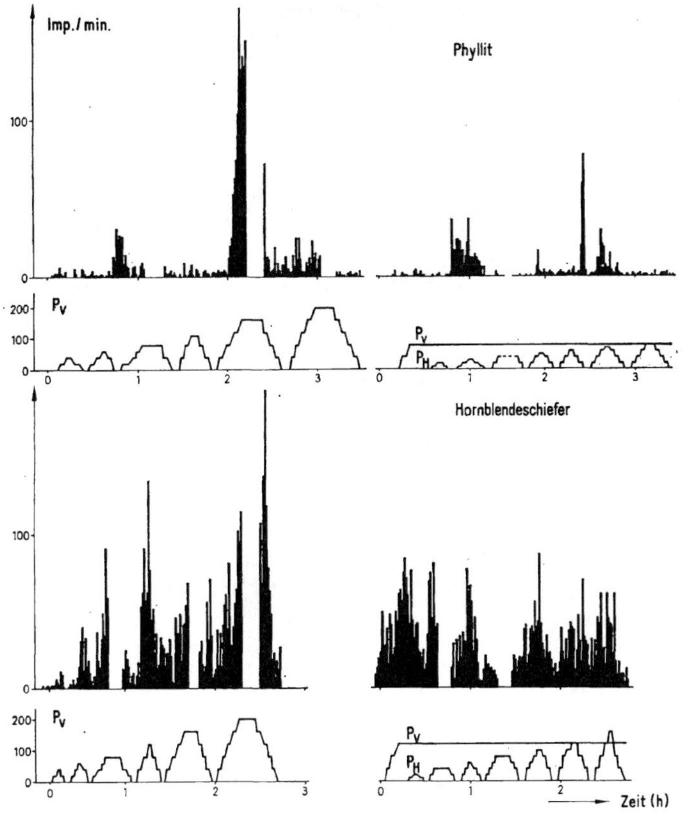

Abb. 12. Seismoakustische Registrierung während Druck-Scher-Großversuchen

Die beschriebene Korrelationsanalyse nach dem Programm EVAUCORR wurde auf eine Serie von Großblock-Druckversuchen im oben erwähnten Untersuchungsgebiet angewandt. Auf Grund der vorangegangenen geophysikalischen Komplexinterpretation (vgl. Abb. 2 und 3), die für beide Gesteinsarten signifikante Regressionsbeziehungen ergab, erfolgte eine Trennung in zwei Stichproben (Phyllit und Hornblendenschiefer).

Die Streuung der einzelnen Regressionsfunktionen zwischen Verformungsparametern und Geschwindigkeiten in Abhängigkeit vom gewählten Teufenbereich besitzt Minima bei 3,5 bis 4 m für Phyllit bzw. 2,5 bis 3 m für Hornblendenschiefer (Abb. 10). Dabei sind die Streuungsminima der Verformungsarbeit deutlich ausgeprägt und erreichen absolut kleinere Werte gegenüber den Moduln.

In Abb. 11 sind für den Teufenbereich $S_{\min}$ berechneten Regressionsgraden dargestellt. Bei den Verformungsmoduln existiert für Hornblendenschiefer eine gesicherte Abhängigkeit, während beim Phyllit die Streuung beträchtlich ist. Abweichend von Untersuchungen an kristallinen Gesteinen ergibt sich für Phyllit eine umgekehrte Proportionalität zwischen V und v_p. Diese Tendenz wird bei der Regressionsanalyse mit der Verformungsarbeit durch statistisch gesicherte Beziehungen bestätigt. Mit zunehmender Geschwindigkeit nimmt die plastische Verformungsarbeit bei Phyllit zu und bei Hornblendenschiefer ab, während bei A_R wie bei E die gleiche Neigungstendenz für beide Stichproben zu beobachten ist. Sehr wahrscheinlich wird bei dem untersuchten Phyllit der plastische Teil die Abhängigkeit zwischen Verformungsarbeit und Geschwindigkeit entscheidend beeinflussen. Demgegenüber verhält sich der Hornblendeschiefer in stärkerem Maße elastisch, was durch die höheren Geschwindigkeiten und die umgekehrte Proportionalität zwischen A und v_p zum Ausdruck kommt. Dieses unterschiedliche Verformungsverhalten von dem untersuchten Phyllit und Hornblendeschiefer wird schließlich durch seismoakustische Registrierungen während der Durchführung der Druck-Scher-Versuche bestätigt (Abb. 12). Die Impulshäufigkeitsdiagramme lassen für beide Gesteinsvarietäten ein unterschiedliches, charakteristisches Auftreten von Eigenimpulsen in Abhängigkeit vom Belastungs- und Verformungszustand erkennen, woraus auch Rückschlüsse auf das Bruchverhalten des Gebirgskörpers gezogen werden können.

Zusammenfassung

Die vorgelegten Untersuchungsergebnisse zeigen, daß durch geophysikalische Messungen der Informationsgewinn aus den sehr aufwendigen felsstatischen Versuchen erhöht werden kann. Mittels einer komplexen Betrachtungsweise, d. h. dem Einsatz mehrerer Verfahren, konnten statistisch gesicherte Korrelationsbeziehungen zwischen geophysikalischen Meßgrößen und geomechanischen Kennwerten aufgestellt werden. Auf der Grundlage solcher empirisch ermittelten Beziehungen ergibt sich prinzipiell die Möglichkeit, für ein begrenztes Untersuchungsgebiet mit Hilfe geophysikalischer Messungen die Verformungsparameter abzuschätzen bzw. zu extrapolieren und somit eine Gebirgsklassifizierung vorzunehmen.

Резюме

Представляемые результаты исследований показывают, что геофизические измерения могут увеличивать содержание полученных из трудоемких горностатистических опытов информаций. Посредством комплексного подхода, т. е. применением нескольких способов, удалось наметить статистически обоснованные корреляционные связи между геофизическими измеренными величинами и геомеханическими параметрами. На основании таких эмпирически полученных отношений принципиально возникает возможность при помощи геофизических измерений оценивать или экстраполировать параметры деформации для ограниченной исследуемой территории и тем самым классифицировать породы.

Summary

Results show that the gain of information from very expensive rock-static tests can be increased by geophysical measurements. Statistically safe correlative relations could be determined between geophysical measured quantities and geomechanical characteristic values by means of a complex approach, i.e. by means of several methods. On the basis of an empirical determination of such relations there is in principle a possibility for a limited area of investigation to estimate and extrapolate, respectively, the deformation parameters by means of geophysical measurements and, consequently, to classify the rocks.

Literatur

ENESCU, O. u. a.: Determinations de paramètres elastiques pour les roches de la zone du barrage Paltinue. Contribution au probleme de la correlation des modules d'elasticite dynamiques et statiques. (Bestimmung der elastischen Parameter für die Gesteine des Gebietes der Talsperre Paltinue. Ein Beitrag zum Problem der Korrelation zwischen statischem und dynamischem E-Modul.) — Rev. Roum. Geol., Geophys. et Geogr., Ser. Geophys., 14, 2, 179—199, Bukarest 1970.

GOLODKOWSKAJA, G. A., & L. W. SHAMIAN: Ermittlung der Festigkeitseigenschaften des Felsverbandes bei Anwendung seismoakustischer Verfahren (engl.). — Proc. 2nd Congr. Int. Soc. Rock mech., 1—9, Belgrad 1970.

KUJUNDZIC, B. u. a.: Komplexe Untersuchung des mechanischen Verhaltens der Felsmasse für die Gründung der Bauwerke des Wasserkraft- und Schiffahrtssystems Djerdap. — Proc. 2nd Congr. Int. Soc. Rock mech., 8—25., Belgrad 1970.

LINOWSKI, H.: On the relation betwean dynamic and static moduli of elasticity (Young's moduli). (Über die Beziehung zwischen dynamischen und statischem Elastizitätsmodul.) — Acta geophys. XVII, 1, 53—66, Warschau 1969.

PFORR, H.: Zur Bewertung von Verfahren für die Ermittlung geostatischer Kennwerte im Felsbau und Bergbau. — Neue Bergbautechn., 1, 10—14, Leipzig 1971.

REINER, M.: Rheologie. — Fachbuchverlag Leipzig, Leipzig 1969.

ROTTER, D. u. a.: Zu einigen Problemen der Bestimmung mechanischer Kennwerte von Festgesteinen aus experimenteller Sicht. — Bergakademie, 19, 10, 575—579, Leipzig 1967.

STÖTZNER, U.: Ingenieurgeophysikalische Untersuchungsmethodik und Komplexinterpretation zur Lösung felsmechanischer Aufgaben. — Freiberger Forsch.-H., C 307, Leipzig 1975.

Die hydrogeologische Erkundungsbohrung

Vom 25. bis 27. September 1975 fand in Erfurt das IV. Kolloquium Hydrogeologie statt, das von der KDT Betriebssektion des VEB Hydrogeologie in Verbindung mit der Bezirksfachsektion Wasser im Bezirksverband Erfurt der KDT veranstaltet wurde. An dieser Tagung nahmen über 250 Fachleute der Wasserwirtschaft, des Bauwesens, des Bergbaus und der Geologie der DDR und aus den hydrogeologischen Partnerbetrieben der VR Polen, der ČSSR und der VR Ungarn teil.

Nach der Begrüßung durch den Stellvertreter des Oberbürgermeisters der Stadt Erfurt referierte Genosse Dr. GOLDBECHER, Stellvertreter des Ministers für Geologie und Vorsitzender der Staatlichen Vorratskommission der DDR, in seinem Plenarvortrag über die Stellung und die Aufgaben der Hydrogeologen im Industriezweig Geologie. Als Schwerpunkte nannte er die Sicherung der bedarfsgerechten Versorgung von Bevölkerung und Industrie mit Trink- und Brauchwasser in den industriellen Ballungsgebieten von Halle/Leipzig und Karl-Marx-Stadt und insbesondere der Hauptstadt der DDR, Berlin.

In dem Übersichtsvortrag ARNOLD & R. LEHMANN: „Derzeitiger Stand und Entwicklungstendenzen der bohrtechnischen Ausrüstung in der hydrogeologischen Erkundung" legte ersterer dar, daß in der nächsten Zukunft für die in der hydrogeologischen Erkundung gegenwärtig angewendeten Verfahren des Bohrens und der Gesteinszerstörung keine Änderung zu erwarten ist, wobei der Anteil der Spül- und Trockenbohrverfahren in Abhängigkeit von Gesteinsart, Bohrteufe und Aufgabenstellung einer ständigen Prüfung und ggf. Modifikation bedarf.

In einem weiteren Übersichtsvortrag sprach WEDER zum Thema „Geologische Forderungen an die Bohrungen und die Qualitätssicherung bei der Durchführung hydrogeologischer Bohr- und Testarbeiten". Er nannte darin die rechtlichen Grundsätze und betrieblichen Richtlinien zur Einhaltung der Qualitätsforderungen und deren Bedeutung für das Erreichen der fachlichen Ziele. Die Nichteinhaltung der Qualitätsforderungen bei Bohr- und Testarbeiten in der hydrogeologischen Erkundung belastet die gewonnenen Primärdaten mit zusätzlichen Fehlern, die sich bei der Ermittlung der hydrogeologischen Parameter und deren Weiterbearbeitung und Interpretation bis zum Grundwasservorratsnachweis und der Charakteristik der Grundwasserlagerstätte in der Regel vergrößern und zu irrealen Ergebnissen führen. Zur Vermeidung derartiger Fehler bedarf es einer engen Zusammenarbeit zwischen bohrtechnischem und geologischem Objektbearbeiter und einer kontinuierlichen Qualifikation des mit der Durchführung der Bohr- und Testarbeiten beauftragten Personals.

Die in den Übersichtsvorträgen dargestellten Probleme bildeten den Gegenstand von insgesamt 22 Kurzvorträgen im Rahmen der in Arbeitsgruppen tagenden Themenkreise:

I. Bohr- und Testarbeiten,

II. Geologische Forderungen an Bohr- und Testarbeiten sowie Qualitätssicherung,

III. Vorbereitung und Bewertung hydrogeologischer Bohrungen.

In den Vorträgen und Diskussionen wurden neue Erkenntnisse zur Vorbereitung, Durchführung und Auswertung hydrogeologischer Erkundungsbohrungen einem breiten Interessentenkreis zugänglich gemacht und damit Voraussetzungen für deren unverzügliche und sachkundige Anwendung in der Praxis geschaffen. Auch die Erfahrungen der hydrogeologischen Erkundungsbetriebe der VR Polen, der ČSSR und der Ungarischen VR tragen zur Erhöhung des wissenschaftlich-technischen Niveaus der hydrogeologischen Erkundung bei.

Um die direkte Anwendung der während des Kolloquiums zum Vortrag gelangten Erkenntnisse in der praktischen Tätigkeit besser zu ermöglichen, ist die Veröffentlichung der wichtigsten Beiträge in Form eines Tagungsberichts vorgesehen.

JÜRGEN HENKE

Eingang des Manuskripts in der Redaktion: 7. 11. 1975.

Zeitschrift für angewandte Geologie, Bd. 22 (1976), Heft 6

Informationen

Zur Entwicklung von Industrie und Wissenschaft der UdSSR im Planjahrfünft 1976—1980

Auszüge aus der „Direktive des ZK der KPdSU über die Hauptrichtungen der Entwicklung der Volkswirtschaft der UdSSR in den Jahren 1976—1980“

„Hauptaufgabe des zehnten Planjahrfünfts ist es, den Kurs der Kommunistischen Partei auf die Hebung des materiellen und kulturellen Lebensniveaus des Volkes durch die dynamische und proportionale Entwicklung der gesellschaftlichen Produktion und Erhöhung ihrer Effektivität, durch Beschleunigung des wissenschaftlich-technischen Fortschritts, durch Steigerung der Arbeitsproduktivität und größtmögliche Verbesserung der Qualität der Arbeit in allen Bereichen der Volkswirtschaft konsequent zu realisieren.“

„Die Industrieproduktion ist im Planjahrfünft um 35 bis 39 Prozent zu erhöhen, darunter die Produktion von Produktionsmitteln um 38 bis 42 Prozent und von Konsumgütern um 30 bis 32 Prozent. Die Konsumgüterproduktion ist in allen Zweigen bedeutend zu erweitern.“

„In der Elektroenergiewirtschaft ist für 1980 die Erzeugung von 1340 — 1380 Mrd. kWh Elektroenergie zu gewährleisten.“

„Die Struktur der Brennstoff- und Energiebilanz ist zu verbessern. Die verschiedenen Brennstoffarten sind rationell zu kombinieren; neben Erdöl und Erdgas sind in größerem Umfange Kohle und Ölschiefer, Wasserkraft und Kernenergie zu nutzen. Die Brennstoffe sind besser, sekundäre Brennstoff- und Energievorräte vollständiger auszunutzen.“

„Dabei sollen für die Elektroenergieerzeugung mehr billige feste Brennstoffe verwendet werden. Es sind große Wärmekraftwerke zu errichten, die mit Kohle aus den Lagerstätten von Ekibastus und Kansk-Atschinsk betrieben werden.“

„In der Erdölindustrie ist die Förderung von Erdöl,

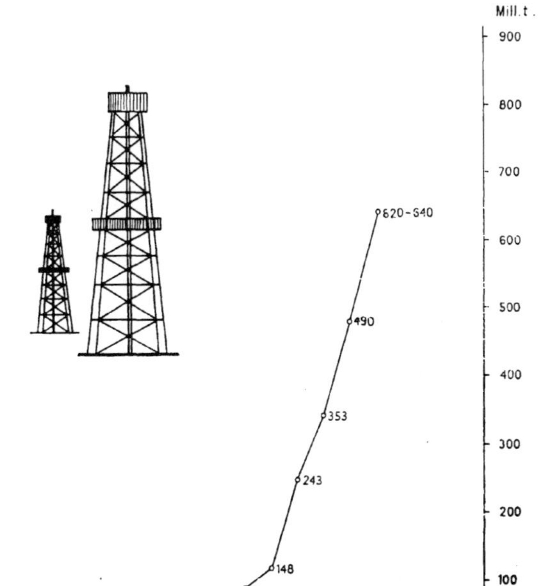

Abb. 1. Die Sowjetunion steht an der Spitze der erdölfördernden Länder der Welt. 1975 wurden 491 Mill. t gefördert. Im Planjahrfünft 1976 bis 1980 ist eine abermalige Steigerung der Förderung an Erdöl- und Erdgaskondensat auf 620—640 Mill. t vorgesehen

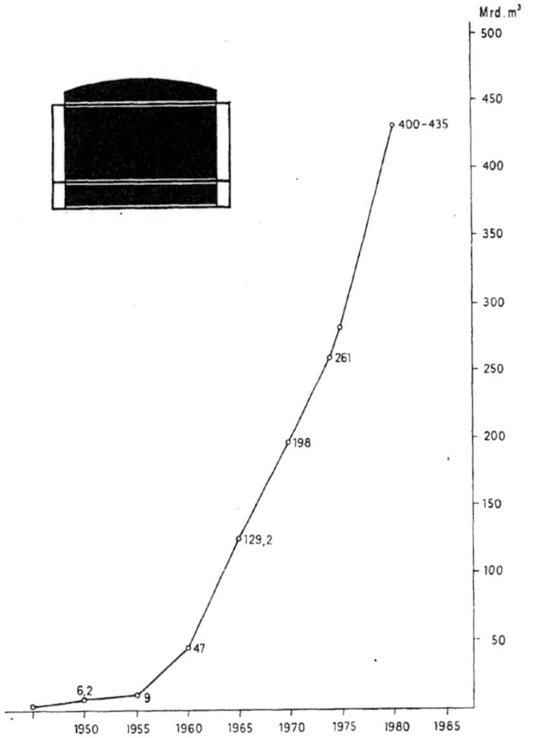

Abb. 2 Die Erdgasförderung erlebte in den letzten drei Jahrzehnten in der Sowjetunion eine grandiose Steigerung und erreichte 1975 bereits 289 Mrd. m³. Für das Planjahrfünft 1976—1980 ist eine abermalige Steigerung auf 400 — 435 Mrd. m³ geplant

einschließlich Gaskondensat, bis 1980 auf 620—640 Mill. t zu steigern.

Die Nutzung der Erdöllager ist zu verbessern und die Ölausbeute aus den Schichten zu erhöhen. Die Gewinnung von Erdöl aus bituminösem Gestein ist zu untersuchen und industriell zu erproben.“

„Die Erschließung neuer Erdöllagerstätten ist schneller voranzutreiben. Beim Bau von Erdölförder-, Aufbereitungs- und Transportvorrichtungen sind in verstärktem Maße vorgefertigte komplettierbare Anlagen zu verwenden.

Die Effektivität der Bohrarbeiten muß erhöht werden. Durch größere Bohrgeschwindigkeiten, durch die Einführung vielseitig montierbarer Bohranlagen, neuer Bohrmeißeltypen, Antriebe an der Bohrlochsohle, Spülflüssigkeiten, hochfester Futterrohre und Bohrgestänge sowie durch bessere Arbeitsorganisation und Anwendung moderner Methoden der Sondenerschließung sind die Zeiten für die Inbetriebnahme der Bohrungen um 25 bis 30 Prozent zu senken.“

„Der Rohrleitungstransport ist weiterzuentwickeln. Im Planjahrfünft sind rund 15000 Kilometer Erdölleitungen und mindestens 3500 Kilometer Leitungen für Erdölprodukte zu bauen. Für die wichtigsten Hauptrohrleitungen sind automatisierte Systeme zur Steuerung der technologischen Prozesse zu entwickeln und einzuführen.“

„In der Erdgasindustrie sollen im Jahre 1980 400 bis 435 Milliarden Kubikmeter Erdgas gefördert werden. Es sind rund 35000 Kilometer Erdgasleitung in Betrieb zu

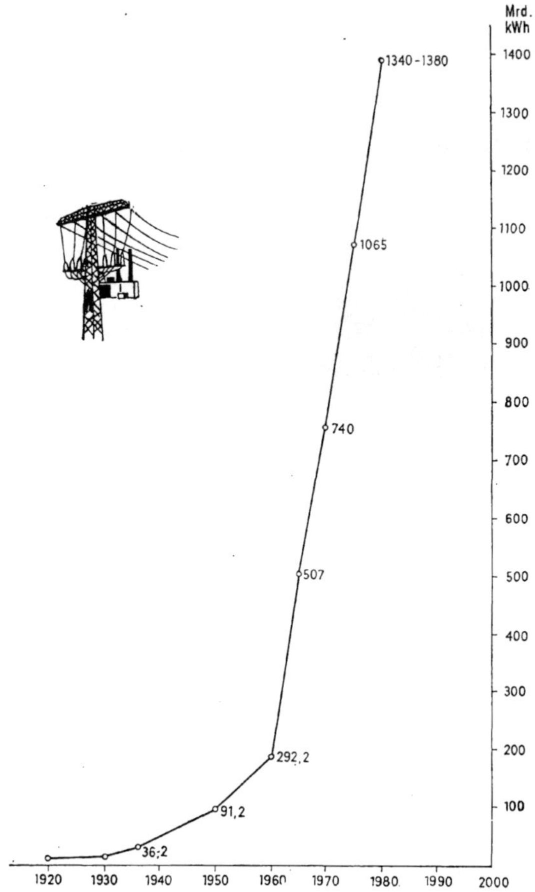

Abb. 3. Die Erzeugung von Elektroenergie erreichte im Jahre 1975 die beachtliche Höhe von 1038 Mrd. kWh. Für das 10. Planjahrfünft 1976 bis 1980 ist eine Steigerung auf 1340–1380 Mrd. kWh vorgesehen. Der Grundstein für diesen grandiosen Aufstieg wurde bereits durch den Goelroplan gelegt, bei dessen Begründung der Schöpfer des Sowjetstaates, W. I. LENIN, die berühmte Formel „Kommunismus, das ist Sowjetmacht plus Elektrifizierung des gesamten Landes" prägte.

nehmen. Ölgas und Erdgas sind komplex zur Gewinnung von Kondensat, Schwefel, Helium und anderen Begleitstoffen zu nutzen."

„Die Anlage von unterirdischen Erdgasspeichern ist vor allem in den Landesteilen fortzuführen, die den größten Brennstoffbedarf haben. Zu diesem Zweck sind abgebaute Erdgas- und Erdöllagerstätten weitestmöglich zu nutzen."

„Es sind moderne technische Mittel und Methoden der Förderung des Transports, der Verarbeitung und Speicherung des Erdgases sowie des Gaskondensats zu entwickeln und in Betrieb zu nehmen, die unter anderem für den Hohen Norden geeignet sind. Es müssen sichere, hochleistungsfähige Förderbohrungen niedergebracht werden. Dabei sind neue Methoden zur Intensivierung des Erdgasstromes zur Bohrlochsohle, automatisierte Blockanlagen, Hauptleitungen aus Rohren mit 1420 Millimeter Durchmesser und mehr bei einem Betriebsdruck von mindestens 75 Atmosphären sowie Kompressorstationen mit Gaspumpaggregaten bis 25000 Kilowatt Leistung zu nutzen."

„Die Forschungs- und Entwicklungsarbeiten zur Schaffung grundlegend neuer Transportarten für Erdgas sind zu beschleunigen."

„In der Kohleindustrie ist die Förderung auf 790 bis 810 Mill. t im Jahre 1980 zu erhöhen."

„Um die Brennstoff- und Energievorräte erheblich zu vergrößern, ist künftig neben der Weiterentwicklung der im Abbau befindlichen Kohlebecken — Donezbecken, Kusnezker Becken, Becken von Karaganda, Petschorabecken und anderer — das Kohlerevier in Südjakutien beschleunigt zu erschließen. Der Brennstoff-Energie-Komplex von Kantsk-Atschinsk ist beschleunigt aufzubauen und das Becken von Ekibastus vollständiger zu erschließen."

„Die Förderung von Ölschiefer im europäischen Teil der UdSSR ist weiterzuentwickeln."

„In den östlichen Landesteilen ist die Kohlegewinnung im Tagebau stark zu entwickeln."

„In der Nichteisenmetallurgie ist die Produktion von Aluminium, Kupfer und Nickel um 20 bis 30 Prozent und von Titan um 40 Prozent zu steigern, ebenso die Produktion von Metall für Legierungen, von seltenen und Edelmetallen, sekundären Nichteisenmetallen sowie die Diamantenförderung."

„Der Ausbau der Rohstoffbasis der Nichteisenmetallurgie, insbesondere der Blei- und Zink-, der Kupfer-, der Wolfram- und Molybdänindustrie sowie der Goldförderung, ist zu beschleunigen. Die Erzförderung im Tagebau mit hochleistungsfähigen Maschinen und Vorrichtungen ist weiter auszubauen. Moderne selbstfahrende Abbauanlagen sowie Anlagen der Vibrotechnik sind im Bergbau in verstärktem Maße einzusetzen."

„Die Metallgewinnung aus den Erzen ist zu erhöhen, und die Metalle sind komplex zu nutzen. Die Erzverluste bei der Gewinnung im Untertagebau sind zu senken. Hocheffektive Erzaufbereitungsstammbäume, hydrometallurgische und andere moderne technologische Prozesse sind einzuführen."

„Die geologischen Erkundungsarbeiten sind vor allem im Bereich der Bergbaubetriebe und in den neu erschlossenen Landesteilen wesentlich auszudehnen, um die Vorräte an mineralischen Rohstoffen weiter zu vergrößern.

Die wirtschaftliche Effektivität der Such- und Erkundungsarbeiten ist zu erhöhen und die Vorbereitung der Lagerstätten auf den Abbau zu verbessern. Die Erkundung der mineralischen Rohstoffvorräte muß gegenüber dem Entwicklungstempo der Zweige der extraktiven Industrie beschleunigt werden.

Die Suche und Erkundung neuer Erdöl-, Erdgas- und Kondensatlagerstätten ist vor allem am Mittellauf des Ob, im Norden des Gebiets Tjumen, in Ostsibirien, in der Jakutischen ASSR, in der ASSR der Komi, im Gebiet Archangelsk, in Mittelasien und in der Kasachischen SSR (Kaspisenke)

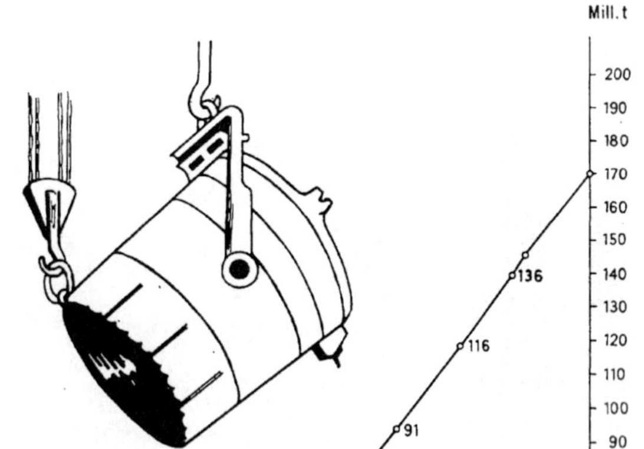

Abb. 4. Die Sowjetunion ist der größte Stahlerzeuger der Welt. Im Jahre 1975 wurden 141 Mill. t Stahl produziert. Für das Planjahrfünft 1976 bis 1980 ist eine abermalige Steigerung auf 160–170 Mill. t vorgesehen.

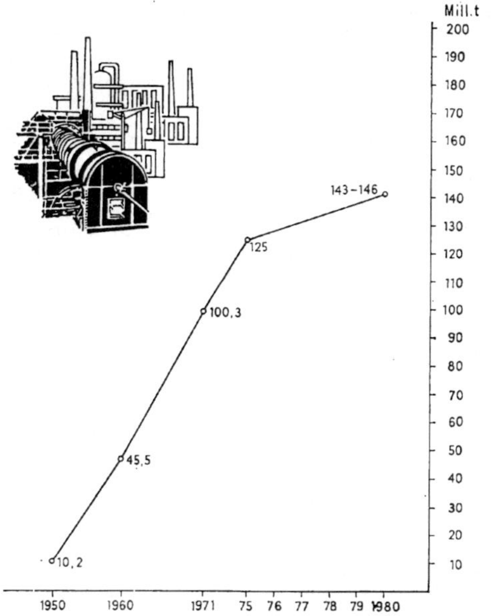

Abb. 5. Auch in der Zementproduktion nimmt die Sowjetunion die Weltspitze ein. Im Jahre 1975 wurden 120 Mill. t Zement erzeugt, die Produktion durch zwischenkollektivwirtschaftliche Organisation nicht eingerechnet. Für die Jahre 1976–1980 ist eine Steigerung der Zementproduktion auf 143–146 Mill. t geplant.

zu beschleunigen. Auf die Förderung vorzubereiten sind weitere erkundete Erdöl- und Erdgasvorräte in den Gebieten im europäischen Teil der UdSSR, in denen bereits Lagerstätten ausgebeutet werden. In den Schelfgebieten sind die geologischen Erkundungsarbeiten, vor allem für Erdöl und Erdgas, stärker zu entfalten. Die Erkundung von Koks- und Kraftwerkskohlelagerstätten, besonders im europäischen Teil der UdSSR, von reichen und leichtaufzubereitenden Erzen für die Fe- und NE-Metallurgie, von Edelmetallen und Diamanten, von Rohstoffen für die Kernenergiewirtschaft und die Düngemittelproduktion sowie von Grundwasser ist zu beschleunigen.

Die technische Ausrüstung für geologische Erkundungsarbeiten ist zu verstärken. Neue, leistungsstarke Ausrüstungen, automatische Bohranlagen, Apparaturen und Geräte sind zu entwickeln und einzuführen. Die Anwendung von modernen geophysikalischen und geochemischen Methoden und der Einsatz von Mitteln der Raumfahrt und der Höhenforschung für geologische Untersuchungen sind zu erweitern."

„Die Grundlagen- und die angewandte Forschung in den Gesellschafts-, Natur- und technischen Wissenschaften sind weiterzuentwickeln.

Die Aufmerksamkeit der Wissenschaftler ist auf die wichtigsten Probleme des wissenschaftlich-technischen und des sozialen Fortschritts zu konzentrieren, von deren Lösung die erfolgreiche Entwicklung der Wirtschaft, der Kultur und der Wissenschaft selbst am stärksten abhängt. Vorzusehen ist die weitere Entwicklung der Forschungsarbeiten, die prinzipiell neue Wege und Möglichkeiten für die Umgestaltung der Produktivkräfte der Sowjetunion und für die Entwicklung von Technik und Technologie der Zukunft eröffnen.

Effektivität und Qualität der Forschung sind zu erhöhen und die Formen der Verbindung zwischen Wissenschaft und Produktion weiter zu vervollkommnen. Die Überleitung wissenschaftlicher Erkenntnisse in die Volkswirtschaft ist zu beschleunigen.

Die Organisation der Arbeit der Wissenschaftler ist zu verbessern, ihre Effektivität ist zu erhöhen. Die Verantwortlichkeit der Forschungskollektive und ihrer Leiter für Niveau und Qualität der Forschungen sowie für die Fundierung ihrer Empfehlungen ist zu erhöhen. Das Interesse der Kollektive und Mitarbeiter der wissenschaftlichen Einrichtungen an der Erhöhung der Effektivität ihrer Tätigkeit ist zu verstärken.

Das System der Leitung der Forschungseinrichtungen und der Projektierungs- und Konstruktionsbetriebe sowie die Planung und Finanzierung der Forschung sind zu verbessern.

Ausbildung und Attestierung der in Wissenschaft sowie der in Lehre und Forschung Tätigen sind zu vervollkommnen.

Die materielle Basis der Forschungs- und Entwicklungseinrichtungen ist zu verstärken, indem ihre Ausstattung mit Geräten, Ausrüstungen, Material und Mitteln der Rechen- und Organisationstechnik verbessert wird sowie die Forschungs- und Versuchsabteilungen weiterentwickelt werden. Die wissenschaftliche Informationstätigkeit ist zu vervollkommnen.

Die Wechselbeziehungen zwischen Gesellschafts-, Natur- und technischen Wissenschaften sind zu verstärken."

„Weiterzuentwickeln sind die wissenschaftlichen Grundlagen für die rationelle Nutzung und den Schutz des Bodens und der Bodenschätze, der Pflanzen- und Tierwelt, der Luft und des Wassers. Die komplexe Erforschung des Weltmeeres ist zu erweitern. Weiter auszuarbeiten sind die Methoden zur Vorhersage des Wetters und von Naturkatastrophen.

Die Erforschung der Erdkruste und des oberen Erdmantels ist mit dem Ziel zu erweitern, die Entstehung der Lagerstätten von Bodenschätzen und die Gesetzmäßigkeiten ihrer Verteilung zu untersuchen.

Die Erforschung und Erschließung des Weltraums sind fortzusetzen. Zu erweitern sind Untersuchungen über den Einsatz von Mitteln der Raumfahrttechnik zur Erforschung der Naturschätze der Erde, in der Meteorologie und der Navigation, im Nachrichtenwesen und für andere volkswirtschaftliche Zwecke."

Buchbesprechungen

Autorenkollektiv

Ökonomie der Suche, Erkundung und Nutzung von Lagerstätten fester mineralischer Rohstoffe und der Nutzung von Sekundärrohstoffen

Leipzig: Dt. Verlag f. Grundstoffind. 1975. Freiberger Forsch.-H. D 95; 128 S., 19 Abb., 7 Tab., M 39,60

In diesem Bändchen der Freiberger Forschungshefte kommen zehn Beiträge zum Abdruck, die auf dem Berg- und Hüttenmännischen Tag 1974 in Freiberg als Vorträge zu dem Rahmenthema der komplexen Nutzung fester Minerale gehalten worden sind. Die Arbeiten vermitteln einen Einblick in den Wissens- und Kenntnisstand der DDR, der UdSSR, der ČSSR und der Ungarischen VR auf dem vielseitigen Gebiet der ökonomischen Bewertung von Lagerstätten. Sie zeigen aber auch die Grenzen und den Umfang der ungeklärten Fragen bei Problemen, die noch nicht eingehend und tief genug theoretisch durchgearbeitet worden sind. Auf dieser Basis stellt die Zusammenfassung dieser Beiträge innerhalb der sozialistischen Länder einen Erfahrungsaustausch über die Probleme der ökonomischen Geologie dar, soweit sie die Suche, Erkundung und Nutzung von Lagerstätten fester mineralischer Rohstoffe betrifft.

K. Kauter

Roy, B. C.

Indian Mineral Resources, Industries and Economics

Calcutta: Geological Survey of India 1973. 626 S., US $ 15,—

Konsequent unter dem Gesichtswinkel der Entwicklung einer nationalen Industrie in Indien werden die verschiedenen Bereiche der ökonomischen Geologie dargestellt, die für diesen Prozeß in geologischer und wirtschaftlicher Hinsicht von Bedeutung sind. Ausgehend von der Rolle mineralischer Rohstoffe in der Volkswirtschaft des Landes, dem Welthandel und einer knappen Übersicht zur Verteilung nutzbarer Bodenschätze in der Welt, informiert der Autor über die bedeutendsten Lagerstätten Indiens. In alphabetischer Reihenfolge werden die einzelnen nutzbaren Minerale in tabellarischer Form aufgeführt und Angaben zu den Lagerstättenorten, Gehalten und Vorräten gemacht. Ein weiteres Kap. behandelt die Lagerstättenprospektion auf der Grundlage geologischer, geophysikalischer und geochemischer Methoden. In einer entsprechenden Tafelübersicht informiert der Autor in Stichworten für die wichtigsten Lagerstätten Indiens über ihren tektonischen Aufbau, das Nebengestein, die paragenetischen Verhältnisse, den genetischen Typ und die geeigneten Such- und Erkundungsmethoden. Auf diese Weise vermittelt das Werk eine mit vielen Einzelangaben belegte Übersicht zu den Minerallagerstätten dieses Landes.

Ausführlich wird dann in weiteren Abschnitten u. a. auf die Einsatzmöglichkeiten der Minerale in den verschiedenen volkswirtschaftlichen Bereichen, Fragen der Mineralpreise und des -handels eingegangen. Weiterhin liefert das Werk Angaben über die Mineral- und Metallproduktion Indiens (1960—1971), entsprechende Import- und Exportziffern sowie Einschätzungen zu den Tendenzen der Rohstoffversorgung und des -bedarfs.

Jedes Kap. wird durch eine weiterführende Bibliographie ergänzt, so daß mit der vorliegenden Arbeit ein Zugang zu allen wesentlichen Fragen der ökonomischen Geologie Indiens möglich ist. Der Autor war langjähriger Generalsekretär des Geological Survey of India. Sein Buch ist nicht nur als Lehrwerk für Universitäten von Bedeutung, sondern wird gewiß auch im Ausland geologischen und ökonomischen Institutionen nützlich sein. Es sollte in keiner der entsprechenden Bibliotheken fehlen.

M. Guntau

Frost, S. H., & R. L. Langenheim jr.

Cenocoic Reef Biofacies

Illinois: Northern Illinois Press, März 1975. 388 S., 36 Abb., 128 Taf., Appendix, Index, US $ 50,—

Die vorliegende Monographie trägt den Untertitel: Tertiary Larger Foraminifera and Scleractinian Corals from Chiapas, Mexico. Sie verfolgt einen dreifachen Zweck: 1. soll eine Abfolge biostratigraphischer Zonen für marine Flachwassersedimente des Tertiärs im westkaribischen Raum aufgestellt werden, 2. soll die Basis für eine eingehende Revision der karibischen tertiären Korallen der Ordnung Scleractinia im Hinblick auf ihre stratigraphische Verbreitung, Paläoökologie und systematische Paläobiologie geschaffen, und 3. soll das reichhaltige Material tertiärer Großforaminiferen im karibischen Raum im Licht moderner Populationsdynamik interpretiert werden. Gegenstand der Untersuchung sind mehrere Lokalitäten im S Mexikos. Die Profile repräsentieren Ablagerungen vom Paläozän bis zum Miozän. In den drei großen Kap. des Buches werden die regionale Geologie, die Lithostratigraphie und Biostratigraphie des Gebiets beschrieben, die Systematik der untersuchten Fossilgruppen behandelt und Aussagen zur Paläoökologie gemacht. Der Appendix bringt die Feinaufnahme der Schichtenfolgen an den einzelnen Lokalitäten.

Den weitaus größten Teil der Abhandlung nimmt der systematische Teil ein. Die Angaben zu jeder Art umfassen Abbildungen, Synonyme, Beschreibung, Diskussion sowie Bemerkungen zum Material und zur zeitlichen und räumlichen Verbreitung. Diverse graphische Darstellungen und Tabellen ergänzen den Text.

Die Ausführungen zur Paläoökologie bieten trotz ihrer Kürze eine Fülle von Informationen. In einem ersten Teil erfolgt die verallgemeinernde Darstellung von Faktoren und Bedingungen der Riffbildung. Weitere Fossilgruppen sind noch in Bearbeitung. Im weiteren Verlauf behandelt dieses Kap. die Paläoökologie der tertiären Korallen und Großforaminiferen des Untersuchungsgebiets in der Riff-Fazies. Eine besondere Darstellung erfährt das oligozäne Riff von Pueblo Nuevo, das in einer Mächtigkeit von ca. 45 m aufgeschlossen ist und in seinem Profil die gesamte Riff-Abfolge darbietet. Es gehört zu den wenigen Aufschlüssen im karibischen Raum, an denen die biologische und sedimentologische Entwicklung eines präpleistozänen Riffs beobachtet werden kann.

E. Lazar

Reimbert, M. L., & A. M. Reimbert

Retaining Walls — Anchorages and Sheet Piling

Long Beach, Aedermanndorf u. Clausthal: Trans Tech Publications 1974. Vol. 1, Series on Rock and Soil Mechanics, Vol. 1, Nr. 5; 284 S., 186 Abb., US $ 40,—

In der vorgelegten Arbeit wurden an Hand umfangreicher kleinmaßstäblicher Untersuchungen, unter Berücksichtigung der wesentlichen Randbedingungen, Experimente durchgeführt, als deren Ergebnis und Auswertung eine universelle Formel für die Bestimmung der maximalen aktiven wie auch des minimalen und maximalen passiven Eindrucks bekannt gemacht wird. Im Zusammenhang mit der Interpretation der Versuche wurden neue Aussagen zur Größe des Gleitflächenwinkels, zur Größe des Ruhedruckbeiwerts und zur Sicherheitsdefinition vorgelegt.

Die Anlage der Versuche und die meßtechnische Versuchsanordnung zur Bestimmung der auftretenden Erddrücke sind dargestellt, Berechnungsverfahren mit dem Ergebnis der Interpretation der Versuchsergebnisse wurden miteinander verglichen.

Die Zusammenfassung der Ergebnisse in Bemessungsdiagrammen für charakteristische Lastfälle und die Darstellung vieler Berechnungsbeispiele geben eine gute Übersicht über die Anwendung der Ergebnisse für die Behandlung praktischer Fälle.

Der sehr umfangreiche II. Teil der Arbeit beschäftigt sich insbesondere mit Fragen der Bemessung und Konstruktion von Schwergewichts- und Stahlbetonstützmauern. Auch werden Winkelstützmauern und die Bemessung sowie Konstruktion von Verankerungsplatten und -blöcken, von unverankerten und verankerten Spundwänden behandelt.

Der vorliegende erste Band ist eine interessante Arbeit, die insbesondere durch die vielen praktischen Beispiele für breite Kreise von Bauingenieuren und Geotechnikern eine beachtenswerte Lektüre darstellt.

Schaef

Döring, Tilo

Geomechanische Probleme der optimalen Dimensionierung unterirdischer Hohlräume

Leipzig: Dt. Verl. Grundstoffind. 1975. Freiberger Forsch.-H. A 545; 125 S., 45 Abb., 1 Tab., 20 Lit., M 38,40

Die Bedeutung des unterirdischen Hohlraumbaus wächst in allen industriell entwickelten Ländern, wodurch optimale, wirtschaftlich günstige Lösungen bei Berücksichtigung der Standfestigkeit an Bedeutung gewinnen.

In der vorliegenden Broschüre stellt Verf. Grundlagen zur Hohlraumprojektierung auf der Basis einfacher analytischer Modelle dar. Behandelt wird die optimale Dimensionierung von Querschnitten für tunnelförmige unterirdische Hohlräume, wobei für die Projektierung wichtige, die Gesteinseigenschaften in gewissen Grenzen berücksichtigende Lösungen dargestellt werden.

Ausgehend von ebenen Hohlraumproblemen wird der Begriff der Hohlraumkontur analytisch in allgemeiner Form erklärt und der Begriff der Querschnittsklasse eingeführt. Ein folgender Abschnitt enthält die Zusammenstellung elastizitätstheoretischer Lösungen für tangentiale Randspannungen an unbelasteten Hohlraumkonturen, die die Grundlage für allgemeine Aussagen über standfeste

Konturen einer Querschnittsklasse bilden. Die Formulierung von Standfestigkeitsbedingungen für Hohlraumkonturen ermöglicht Verf. die Betrachtung allgemeiner Probleme und Zusammenhänge.

Von einer Reihe von Anwendungsbeispielen ausgehend, erfolgt eine formelmäßige Darstellung der Konturen praktisch wichtiger Hohlraumquerschnitte. Daran anschließend werden in Erweiterung des Grundproblems Standfestigkeitsfragen untersucht und die Begriffe „standfeste" und „nicht standfeste Kontur" einer Analyse unterzogen, wobei für den Grenzfall der Begriff des „voll beanspruchten Querschnitts" eingeführt wird. Aus diesen Betrachtungen werden graphische Lösungen, die einfache und rationelle theoretische Standfestigkeitsaussagen erlauben, abgeleitet.

Die so erzielten Ergebnisse bilden die Basis für die Untersuchung „optimaler Querschnitte", die in allgemeiner Form erläutert werden. Optimalitätskriterium ist dabei die Forderung nach einer standfesten Kontur, die geometrisch möglichst wenig von der projektierten abweicht. Es wird gezeigt, daß sich dieser optimale Querschnitt graphisch ermitteln läßt. Anhand weiterer Anwendungsbeispiele wird jedoch nachgewiesen, daß die Projektierung optimaler Querschnitte unter extremen Bedingungen praktisch kaum von Bedeutung sein kann.

In einem folgenden Abschnitt werden Probleme zur Ermittlung der Ausbaubelastung bei nicht standfesten Konturen dargelegt. Es wird gezeigt, daß die bisherigen Verfahren zur Abschätzung der Bruchzonengrenze häufig zu große Ausbaubelastungen ergeben. Unter Einführung eines „Grenzquerschnitts", dessen Geometrie sich dem jeweiligen Problem anpassen läßt, ist es möglich, die Ausbaubelastung in gewissen Grenzen zu minimieren. Ausgangspunkt für diese Betrachtungen bilden die bereits dargestellten Querschnittsklassen.

Die dargelegten Ergebnisse theoretischer Betrachtungen sollen für praktische Anwendungen Anregungen geben und sind damit für den Bauingenieur sowie auch für den auf diesem Gebiet tätigen Ingenieurgeologen gleichermaßen von Interesse.

B. Dorn

...

Boletin de la Sociedad Geológica del Perú (Zeitschrift der Geologischen Gesellschaft Perús)

Lima: Tomo 44, 1974, 75 S., 23 Abb., 3 Tab.

In einem Leitartikel wird das fünfzigjährige Bestehen der Geologischen Gesellschaft von Perú gewürdigt, die im Juli 1924 gegründet wurde. In dieser Zeit hat die Gesellschaft in unterschiedlichster Weise zur Entwicklung und Verbreitung der Kenntnis über die Geologie Perús beigetragen. Hierzu muß man unbedingt die Bibliothek und die Zeitschrift nennen, die das älteste geologische Publikationsorgan in ganz Lateinamerika ist. Anläßlich dieses Jubiläums organisierte die Geologische Gesellschaft Perús ihren dritten nationalen Geologenkongreß. Wissenschaftler des In- und Auslands waren geladen, um über die Ergebnisse ihrer Studie zur Geologie Perús zu berichten.

Anläßlich seines 75. Geburtstages wird Dr. G. Petersen, seit 1924 peruanischer Staatsbürger, für seinen Beitrag zur Erforschung der geologischen Verhältnisse in Perú geehrt.

Hollister, V. F., & E. Sirvas berichten über den Porphyr von Michiquillay. Es wird die regionale Stellung dieses Kupferporphyrs und seine stratigraphische Einordnung sowie die Petrographie und Mineralisation beschrieben. Die Kupfervererzung besteht vorwiegend aus Chalcopyrit, jedoch treten besonders an der Oberfläche Bornit und Chalkosin auf.

De Montreuil, L. beschreibt das Vorkommen von Stilleit in der Grube Santa Brigida in der Provinz La Rioja, Argentinien. Verf. teilt Einzelheiten über die physikalischen und optischen Eigenschaften dieses Minerals sowie über die chemische Zusammensetzung mit.

Burt, D., & U. Petersen beschäftigen sich in einem längeren Beitrag mit allgemeinen Gesetzmäßigkeiten der Bildung von Skarnlagerstätten, ausgehend von den zwei Vorkommen Antamina und Cobriza.

Rivera, R., & V. Alleman de d'Ans überprüften die Typus-Invertebraten Perús, die im Geologischen Dienst, der Technischen Universität und in der Universität von San Marcos aufbewahrt werden.

Sanz Parra, V. gibt einen vorläufigen Bericht nach Abschluß der gegenwärtigen Untersuchungsarbeiten auf Erdöl im Gebiet der Flüsse Corrientes und Tigre im Nordosten Perús.

W. Remus

Haubold, H.

Die fossilen Saurierfährten

Lutherstadt Wittenberg: A. Ziemsen Verlag 1974. Die Neue Brehm-Bücherei, Nr. 479; 168 S., 94 Abb., 11 Tab., M 15,30

Innerhalb der Neuen Brehm-Bücherei, die nunmehr bereits seit 27 Jahren besteht, kamen erfreulicherweise schon mehrfach auch solche Autoren zu Wort, die sich mit fossilen Ordnungen und Familien, hier insbesondere der Vertebraten (vgl. Bd. 396, 423, 432, 435, 450, 465), beschäftigten. Nach Steels Arbeit über die Skelettreste u. a. der Dinosaurier (siehe Z. angew. Geol. **17** (1971) 5, S. 205) legt Haubold, einer unserer besten Kenner auf diesem Gebiet, eine Arbeit über die Fährten der Saurier vor.

Fossile Saurierfährten, eine besondere Form fossilisierten Lebens, kommen vom Devon bis zur Kreide vor; gehäuft sind sie in allen Red-Bed-Formationen vom Oberkarbon bis zur Trias anzutreffen. Da zu ihrer Erhaltung ganz besonders günstige Umstände erforderlich sind, stellen Saurierfährten gleichzeitig gute Milieuindikatoren dar.

Der Hauptwert des Buches liegt in der systematischen Einordnung der fossilen Fährten der Klassen Amphibia und Reptilia einschließlich Ausführungen über ihr stratigraphisches Vorkommen und den beschreibenden Autor. Ergänzt durch Skelettrekonstruktionen werden die 214 von 345 Gattungen genannt, die Haubold für valid hält. Im umfangreichsten Kapitel des Buches werden, nach geologischen Systemen bzw. Abteilungen geordnet, die Fährtenfaunen der Erdgeschichte vom Devon bis zum Känozoikum behandelt. Dabei werden die Probleme der Phylogenie und Evolution der Saurier, der Paläogeographie und Ökologie verdeutlicht.

Bereichert durch zahlreiche ausgezeichnete Fotos fossiler Fährten ist die Arbeit eine wertvolle Zusammenfassung der derzeitigen Kenntnisse.

U. Wutzke

Tagung der Sektion Sozialistische Betriebswirtschaft der Bergakademie Freiberg

Vorankündigung:

Die Sektion Sozialistische Betriebswirtschaft der Bergakademie Freiberg führt am 8./9. September 1976 im Rahmen der wissenschaftlichen Zusammenarbeit mit dem Ministerium für Geologie der DDR, Abteilung Lagerstätteninspektion und dem Moskauer Institut für Geologische Erkundung (MGRI) in Freiberg ein wissenschaftliches Seminar unter Beteiligung von Experten aus einigen RGW-Staaten zum Thema:

„Technisch-ökonomische Bewertung von Vorratsverlusten beim Abbau von Lagerstätten mineralischer Rohstoffe"

durch.

Aus dem Programm:

- Analyse der gegenwärtig in Anwendung befindlichen Methoden und Vorschriften zur Klassifizierung, Erfassung und Abrechnung von Vorratsverlusten;
- Vergleich der bestehenden Klassifizierungen von Vorratsverlusten;
- Entwicklung von Methoden der ökonomischen Stimulierung zur Senkung der Vorratsverluste;
- Auswirkungen von Vorratsverlusten auf die technisch-ökonomische Einschätzung (Bewertung von Lagerstätten und die Konditionen für Lagerstättenvorräte).

Es besteht noch begrenzte Teilnahmemöglichkeit für Vertreter aus Bergbauzweigen und der geologischen Industrie. Meldungen sind bis spätestens 30. Juli 1976 zu richten an:

Bergakademie Freiberg, Sektion Sozialistische Betriebswirtschaft, Wissenschaftsbereich II
92 Freiberg Gustav-Zeuner-Str. 8/10

Kurznachrichten

In Kasachstan (**UdSSR**) wurde erstmalig **Thermalwasser** zum Fluten von Erdöllagerstätten genutzt. Die natürlichen heißen Wässer werden über Aufbereitungsstationen unmittelbar an Einpreßsonden von Erdöllagerstätten angeschlossen. Auf der Halbinsel Mangyschlak gibt es etwa 10 solcher Objekte.

In der **VR Albanien** überstieg die **Chromerzförderung** im Jahre 1974 mit rd. 700000 t die Erzgewinnung von 1938 um das Hundertfache. Nach einer weiteren Intensivierung wird ein anhaltendes Ansteigen der Produktion für die nächsten Jahre angestrebt.

Die seit einigen Jahren zum Abbau vorbereitete Erzgrube Stekenjokk, in **Nordschweden**, hat die Förderung aufgenommen. Der Vorrat der Lagerstätte wird mit 8,1 Mill. t **Kupfererz** angegeben. Es sollen künftig jährlich 400000 t Erz abgebaut und in Rönnskär verhüttet werden.

Im Amazonasgebiet **Brasiliens**, am Rio Negro, einem nördlichen Nebenfluß des Amazonas, wurde eine **Nioblagerstätte** entdeckt, deren Vorräte als so groß angegeben werden, daß Brasilien zu einem führenden Produzenten dieses Metalls werden könnte.

Strandseifen decken derzeit weit über 90% des Bedarfs der **Welt** an Rutil und Zirkon sowie 40 bis 50% des Weltbedarfs an Ilmenit. Die Weltjahresförderung für Rutil liegt augenblicklich bei 375000 t, für Ilmenit bei 3 bis 4 Mill. t und für Zirkon bei 520000 t.

Die **VR Bulgarien** wird ihre **eigenen Rohstoffe** einer effektiveren Nutzung zuführen. Dies gilt besonders für Kaolin, Bentonit und Bulgarit. Letzteres, eine alkalische Kalium-Natriumverbindung vulkanischen Ursprungs, eignet sich für die Gewinnung von Aluminiumtrioxid, kalzinierter Soda und Zement.

Die Töpferzeug- und **Porzellanindustrie** in den Werken von Dong Trieu, in der **DR-Vietnam**, östlich von Hanoi, die auf eine alte Tradition zurückschaut, ist nach Kriegsende bereits wieder auf Hochtouren angelaufen. Hergestellt werden Gebrauchsgeschirr, Zier- und Baukeramik.

In der **UdSSR** werden **Feldspäte** aus Metasomatiten gewonnen, die in besonders aktivierten tektonischen Zonen in alten Plattformfundamenten entstanden sind. Sie zeichnen sich ferner durch erhöhte Gehalte an Ta—Nb-, Be-, Zr-, F- und SE-Erzen aus. Die Fluorkonzentration kann bis über 2% betragen.

In der **Usbekischen SSR** wurde 50 km vor Samarkand eine alte **Marmorlagerstätte** wieder entdeckt. Die Neuberechnung der Vorräte ergab 3 Mill. m^3 eines Marmors von ausgezeichneter Qualität. Der Abbau unter Einsatz modernster Maschinen wird vorbereitet.

Experten der seismischen Station Pulkowo, bei **Leningrad**, haben einen Katalog über die **arktischen Erdbeben** während der letzten 50 Jahre aufgestellt. Die Bestimmungen der Koordinaten von Epizentren lassen eine ausgezeichnete Klärung der geologischen Verhältnisse im Nordpolarmeer zu.

Bezugsmöglichkeiten der Zeitschrift für angewandte Geologie

Bestellungen sind zu richten

- **in der DDR** an den Postzeitungsvertrieb; an eine Buchhandlung oder an den Akademie-Verlag, DDR - 108 Berlin, Leipziger Straße 3–4
- **im sozialistischen Ausland** an eine Buchhandlung für fremdsprachige Literatur oder an den zuständigen Postzeitungsvertrieb
- **in der BRD und Westberlin** an eine Buchhandlung oder an die Auslieferungsstelle KUNST und WISSEN, Erich Bieber, 7 Stuttgart, Wilhelmstraße 4–6
- **in Österreich** an den Globus-Buchvertrieb, 1201 Wien, Höchstädtplatz 3
- **im übrigen Ausland** an den Internationalen Buch- und Zeitschriftenhandel; den Buchexport, Volkseigener Außenhandelsbetrieb der Deutschen Demokratischen Republik. DDR - 701 Leipzig, Postfach 160, oder an den Akademie-Verlag, DDR - 108 Berlin, Leipziger Straße 3–4.

Zeitschrift für angewandte Geologie

Herausgeber: Prof. Dr. Karl Schmidt, Direktor des Zentralen Geologischen Instituts, Berlin, im Auftrage des Ministeriums für Geologie der Deutschen Demokratischen Republik.

Chefredakteur: Dr. Kurt Kauter, Zentrales Geologisches Institut, Berlin.

Anschrift der Redaktion: DDR - 1054 Berlin, Kastanienallee 69 (Fernruf 282 42 93/282 45 93).

Verlag: Akademie-Verlag, DDR - 108 Berlin, Leipziger Straße 3–4; Fernruf: 2200441; Telex-Nr. 114420; Postscheckkonto: Berlin 35021. Bank: Staatsbank der DDR, Berlin, Kto. 6836-26-20712.

Veröffentlicht unter der Lizenznummer 1279 des Presseamtes beim Vorsitzenden des Ministerrates der Deutschen Demokratischen Republik.

Gesamtherstellung: VEB Druckhaus „Maxim Gorki", DDR - 74 Altenburg.

Erscheinungsweise: Die Zeitschrift erscheint monatlich. Die 12 Hefte eines Jahres bilden einen Band. Bezugspreis je Band 144,– M zuzüglich Versandspesen (Preis für die DDR 24,– M). Bezugspreis je Heft 12,– M (Preis für die DDR 2,– M).

Bestellnummer dieses Heftes: 1047/22/6.

Zeitschrift für angewandte Geologie

Herausgegeben vom Zentralen Geologischen Institut Berlin im Auftrag des Ministeriums für Geologie der Deutschen Demokratischen Republik
Verlag: Akademie-Verlag, 108 Berlin, Leipziger Straße 3–4

Гольдбехер, К.

Положение и задачи гидрогеологии в промышленной отрасле геологии

Z. angew. Geol., Берлин, 22 (1976) 6, стр. 249–251

Готтесман, В.

Вещественные аспекты коренной аккумуляции золота

Z. angew. Geol., Берлин, 22 (1976) 6, стр. 251–258, 1 илл.

Кларковые данные пород, содержания в сосуществующих минералах и ионную плотность поддержают сидерофильный характер золота. Рядом с формирующими месторождения обогащениями золота при гидротермальных условиях происходят в рамке магматических и осадочных процессов предварительные концентрации. Опи отражаются в находящей ярко над кларковым значением соответствующих пород восходящей положительной специализации отдельных проявлений. Специализация может происходить в различной форме. Для выделения руководящим является не изменение условий давления и температуры, но изменение редоксного потенциала раствора.

Бауман, Л.

Месторождения меди зоны Средна-Гора (НР Бульгария) и их положение в альпийско-восточно-среднеземном поясе меди

Z. angew. Geol., Берлин, 22 (1976) 6, стр. 258–263, 5 илл., 1 табл., 14 лит.

Разлагается в целом новые данные геологических и минерогенетических исследований зоны Средна-Гора в НР Бульгарии и их положение в альпийско-восточно-среднеземном поясе меди. При этом кратко описывается типы месторождений и некоторые важнейших месторождений, встречаемые в Средна-Горе.

Панов, Б. С.

Линеамент Карпинского и связанный с ним минералогенетический пояс

Z. angew. Geol., Берлин, 22 (1976) 2, стр. 264–271, 7 илл., 25 лит.

При поисках новых рудных месторождений на основе минералогенетических сопоставлений отдельных тектонических единиц большое значение имеет подход в размерах всей планеты. В связи с этим на примере линеамента Карпинского особенно указано на исследование линеаментов. Как части линеамента Карпинского более подробно описываются Подляско-Брестская впадина, Припятская впадина, Днепровско-Донецкая впадина с Донецким бассейном, погребенные горы Карпинского, Мангышлакская складчатая зона и Южный Тянь-Шань.

Кюнь, П.; Кюнь, Ф.

Некоторые результаты измерения теллурических токов с идущего судна в Северном Атлантическом океане

Z. angew. Geol., Берлин, 22 (1976) 3, стр. 272–275, 4 илл., 1 табл., 3 лит.

Провели морские теллурические измерения с идущего судна в рамке геолого-геофизической рабочей программы атлантической экспедиции 1972 г. Центрального Геологического института г. Берлина в районе плато Роккалл на научно-исследовательском судне АН ГДР „Александер фон Гумбольдт". Несмотря на высокий уровень помех, вызванный больше всего свободными волнами, удалось измерить теллурические пульзации различных периодов и коррелировать их с синхронными магнетическими вариационными регистрациями соседных станций на суше.

Вэбкинг, Х.

О действии скин-эффекта при геоэлектрических съемочных работах

Z. angew. Geol., Берлин, 22 (1976) 6, стр. 275–281

Если для геоэлектрического зондирования сопротивления применяется переменные токи, тогда и при однородных формациях пород замечается зависимость частоты специфического сопротивлении ϱ_s. Дается теоретическое объяснение зависимости частоты от ϱ_s. Потребуемые с теории связи между специфическим сопротивлением и частотой доказываются практическими примерами измерения в горном деле, в Гросскогль Рейт у г. Бриксlегг в Тироли.

Кашпаров, М. М.; Арнольд, Г.

О оценке технологической эффективности работы газодобывающих скважин

Z. angew. Geol., Берлин, 22 (1976) 6, стр. 281–283, 2 илл.

Рекомендуется методику объективной к обширной оценки технологической эффективности всех действующих скважин. Она применяема для анализа разработки газовых месторождений как и для перепроектирования разработки имеющих и для прєктирования новых газовых месторождений.

Штёцнер, У.

Предложение геомеханически-геофизической концепции для установления деформационных свойств пород

Z. angew. Geol., Берлин, 22 (1976) 6, стр. 284–290, 12 илл., 8 лит.

Представляемые результаты исследований показывают, что геофизические измерения могут увеличивать содержание полученных из трудоемких горностатистических опытов информаций. Посредством комплексного подхода, т. е. применением нескольких способов, удалось наметить статистически обоснованные корреляционные связи между геофизическими измеренными величинами и геомеханическими параметрами. На основании таких эмпирически полученных отношений принципиально возникает возможность при помощи геофизических измерений оценивать или экстраполировать параметры деформации для ограниченной исследуемой территории и тем самым классифицировать породы.

Генке, Й.

Гидрогеологическая разведочная скважина

(Отчет соседания)

Z. angew. Geol., Берлин, 22 (1976) 6, стр. 290

In den nächsten Heften

der

Zeitschrift für angewandte Geologie

erscheinen u. a. folgende Beiträge

KALEDA, G. A.; MAKSIMOW, S. P.; GEJMAN, B. M.; PASCHKOW, J. W.: Die Gesetzmäßigkeiten der Verteilung von Fallen des nichtantiklinalen Typs auf tektonischen Strukturen und Fragen zur Methodik ihres Aufsuchens

KURTH, U.; MEINERT, N.: Die geologisch-ökonomische Bewertung von Grundwasserlagerstätten — ein Beitrag zur Steigerung der Effektivität der hydrogeologischen Erkundung

STARKE, R.; WIEGMANN, J.: Über den substantiellen Aufbau von Tonen und seiner Bedeutung für die Nutzung

ARNDT, H.; GRAUMANN, S.: Fragen zu Abschreibungsmethoden in der Erdöl- und Erdgaswirtschaft

WORONOW, A. B.: Die Rolle der Struktur des Wassers und wäßriger Lösungen bei der hydrogeochemischen Interpretation

MAY, F.; MÜLLER, E. P.; STIEHL, G.: Zur Isotopengeochemie des Stickstoffs und zur Genese stickstoffreicher Erdgase

ZIEGENHARDT, W.: Geologische Probleme der Untergrundspeicherung

THOMAS, U.: Morphologie des Mittelatlantischen Rückens nördlich der Azoren im Gebiet der „Humboldt"-Bruchzone

MÜLLER, K.: Geophysikalische Erkundung von rutschgefährdeten Hängen und Böschungen

ORJOL, W. E.; SOLOWJEW, B. A.; KAIDALOW, W. I.: Die Geologie von Orenburg, der größten Gaskondensatlagerstätte Europas

BAUMANN, L.; BLANKENBURG, H.-J.; LEEDER, O.; PENTZEL, A.: Genetische Untersuchungen an Glassanden mit Hilfe von Einschlüssen in Quarzen

BLANKENBURG, H.-J.: Die Bedeutung der angewandten Mineralogie bei der Erkundung und Nutzung von Gesteinen

VOIGT, H.-D.; ELIAS, O.: Zur Förderratenmessung beim Test von Gassonden

MODNIKOW, I. S.; SKWORZOWA, K. W.: Über die vertikale Zonalität von Mo—U-Lagerstätten

RÖSLER, H.-J.; PILOT, J.; STARKE, R.: Neue Untersuchungsergebnisse zur Altersstellung des Kaolinisierungsvorgangs

Neuerscheinungen und Literaturhinweise

BORDOWSKI, O. K.

Die organische Substanz in den Ablagerungen der Meere und Ozeane im Stadium der frühen Diagenese

Moskau: Verlag Nauka 1974. 104 S., 20 Abb., 14 Tab.

CRAIG, F. F.

Ausbeutung von Erdöllagerstätten durch Fluten

Moskau: Verlag Nedra 1974. 192 S., 143 Abb., 31 Tab.

DAJEW, D. S.

Hochfrequente elektromagnetische Methoden für Bohrlochuntersuchungen

Moskau: Verlag Nedra 1974. 192 S., 86 Tab., 9 Taf.

DREYER, W.

Gebirgsmechanik im Salz. Struktur und Gebirgsbewegungen

Stuttgart: F. Enke Verlag 1974. 205 S., 75 Abb., 16 Tab.

DUBOW, R. I.

Quantitative Untersuchungen geochemischer Felder für das Aufsuchen von Erzlagerstätten

Nowosibirsk: Verlag Nauka 1974. 278 S., zahlr. Abb.

GUSHOW, A. I.

Gemeinsame Entnahme und Förderung von Erdöl und Erdgas

Moskau: Verlag Nedra 1973. 280 S., 137 Abb., 35 Tab.

BRINKMANN, R.

Lehrbuch der Allgemeinen Geologie. Bd. 1
Festland — Meer

Stuttgart: F. Enke Verlag 1974. 532 S.

WAHLSTROM, E. E.

Tunneling in rock

Amsterdam: Elsevier sci. Publ. Comp. 1973. 250 S., 121 Abb., 24 Tab (Devel. geotechn. Engng. 3)

...

Carta geologica de Portugal 1:500000, 4. Aufl.

Lisboa: Serv. Geol. 1972, 2 Bl.

...

Mapa metalogenetico do Brasil 1:5000000

Rio de Janeiro: Minst. Minas e Energia 1971. 1 Bl., 19 S. Erläut.

...

Carte géologique du Zaire 1:2000000

Bruxelles 1974. 2 Bl.

...

Metallogenic map of Japan 1:2000000

Kawasaki: Geol. Surv. Japan 1973. 16 Bl.

SMITH, J. V.

Feldspar minerals. Bd. 2
Chemical and textural properties

Berlin, Heidelberg, New York: Springer 1974. XIII, 690 S., 211 Abb.

TATARNIKOW, A. P.

Kernphysikalische Aufbereitungsmethoden mineralischer Rohstoffe

Moskau: Atomisdat 1974. 144 S., 46 Abb., 46 Tab.